Generis

PUBLISHING

Recherches sur les principes mathématiques de la géomancie:

Les Gurmancéba, mathématiciens ou sorciers ?

Taladidia THIOMBIANO

CIP a Camerei Naţionale a Cărţii

Thiombiano, Taladidia.
Recherches sur les principes mathématiques de la géomancie: Les Gurmancéba, mathématiciens ou sorciers ? / Taladidia Thiombiano. – Chişinău : Generis Publishing, 2020 (Print on demand). – 86 p. : fot., scheme, tab.
Referinţe bibliogr.: p. 85-86 (26 tit.) şi în subsol.
ISBN 978-9975-154-62-8.
133.5:51
T 56

Cover image: Taladidia THIOMBIANO

Generis Publishing
Online orders: www.generis-publishing.com
Orders by email: info@generis-publishing.com

Avant – Propos

« Recherches sur les principes mathématiques de la géomancie » qui font l'objet de publication aujourd'hui sont le résultat d'un long travail de plus d'une trentaine d'années. La réflexion a commencé lorsque j'enseignais le Cours de « Théorie des probabilités » en deuxième année de Sciences économiques à la Faculté de Sciences économiques de l'Université de Ouagadougou. C'est un jour, en regardant un jeune géomancien faire ces démonstrations que le parallèle m'est venu avec la théorie des probabilités et l'analyse combinatoire. C'est alors que l'aventure a commencé avec quelques réflexions relatives à la nature de l'expérience consacrée et aussi à la compréhension du système de permutations. Puis, vint la question de la logique du système d'addition où on a :

$$II + II = II \quad \text{c'est-à-dire } 2 + 2 = 2$$

$$I + II = 1 \quad \text{ou } 1 + 2 = 1$$

Lorsque je fis part à mes étudiants que la Géomancie était une base des mathématiques modernes, leurs réactions silencieuses ont été certainement, « ce professeur est un mystificateur. Il pense que ses parents paysans sont des savants ? ». Je suspendis ces références à la Géomancie dans mon cours pendant longtemps. Mais plus tard, un de mes anciens étudiants Boubacar DIALLO qui était devenu journaliste et avait des ambitions du 7ième Art, me relança en 2003, à travers un documentaire intitulé « Sur les traces des tapeurs de sable ». Malgré la diffusion chaque année de ce documentaire sur les chaines de télévisions nationales et africaines, cela n'a créé aucune grande curiosité intellectuelle ni chez les mathématiciens, ni chez les intellectuels gulmanceba. Chacun se contentant de répéter, la « Géomancie, c'est des probabilités ». En somme, il n'eut pas de débats scientifiques.

La véritable prise de conscience de cette recherche m'est venue suite à la communication que j'ai faite à Lilongwe (Malawi) en avril 2016 à l'invitation du CODESRIA sur le thème : «Colloquium on Thinking African – Epistemological Issues ». Le sous-titre de ma communication était : « La logique mathématique des sciences dites occultes : cas de la Géomancie - *Une approche épistémologique* ». La présentation de la communication suscita beaucoup d'intérêt et une grande curiosité scientifique particulièrement auprès des Nigérians, des Sénégalais, des Camerounais. Ces derniers voyant là une confirmation d'une des thèses du savant Cheick Anta DIOP, sur l'origine africaine des mathématiques. Et, une de mes anciennes étudiantes d'origine camerounaise, de s'écrier dans la salle « Mon professeur vient de mathématiser la sorcellerie ». A ces mots, j'étais perplexe, car mon objectif était de démontrer que la géomancie n'était pas de la sorcellerie. Au Secrétaire Exécutif du CODESRIA, Ebrama SALL à la pause de me dire, « tu as toujours des communications spéciales - félicitations ». Mais, c'est surtout lors des discussions que je me suis senti pour la première fois avoir affaire à des chercheurs dans le cadre de cette thématique. Voyant tout l'intérêt de cette recherche, quelques-uns des participants m'ont demandé si j'avais pris soin de protéger mes résultats.

De retour au Burkina Faso, j'ai été invité à présenter les résultats de cette recherche lors des « 72 heures du Gulmu », tenues du 24 au 26 mars 2017 à la *Maison du Peuple* de Ouagadougou. A cette occasion où de nombreux intellectuels gurmanceba y étaient, nombre d'entre eux ont douté que la Géomancie dans sa démarche et son cadre épistémologique, suive une logique mathématique et ceci, malgré toutes les démonstrations faites. Néanmoins, au cours des débats, des questions pertinentes ont été posées, entre autres : « Pourquoi, le *juge placé dans l'Ecu comme 15ième* symbole est toujours représenté par un symbole *noble* ?». Dans notre langage ici, le juge représente le Vecteur 15 (V_{15}) et les symboles nobles sont ceux dont le nombre de points est pair.   En toute honnêteté, à l'époque je n'avais pas de réponse scientifique. D'autres intervenants ont exprimé leur déception, car, il manquait les interprétations géomantiques.

Autant de questions qui m'ont amené à approfondir les résultats de cette recherche et à traduire ceux-ci dans le présent ouvrage. D'autres raisons expliquent cette motivation.. En effet, lors de la sortie du Documentaire de Boubacar Diallo dit JJ, Djahama Fréderic TANKOANO, un des acteurs dans ce documentaire me rapporta que nos parents gulmanceba se plaignent comme quoi, nous avons dévoilé les secrets des gulmanceba. Or, pour moi, la Science est faite pour être connue et partagée. Ce partage est à la base des progrès de l'Humanité. Les Gulmancéba en faisant connaître la *logique* de cette science ne seront plus traités de sorciers mais vont ouvrir d'autres voies de recherche dans le domaine. De ce point de vue, nous rendons service à la communauté gulmance pour sortir de son caractère de société secrète. Par ailleurs, au-delà des démonstrations mathématiques de cet ouvrage qui ne peuvent pas rebuter grand monde, je m'intéresse au côté épistémologique de la Géomancie pour constituer une forme de pédagogie pour mes étudiants de l'Institut de Formation et de Recherche en Economie Appliquée Thiombiano (IFREAT). Cette recherche fait l'objet d'un cours à l'institut à ce double titre. Enfin, ce sont les perspectives de recherche et de restitution historique de la vérité scientifique que l'ouvrage apporte.

Je saisis l'opportunité pour remercier les professeurs de mathématiques, Hamirou Touré et Marcel Bonkian de l'Université Joseph Ki Zerbo pour avoir consacré une partie de son temps pour la relecture du manuscrit pour apporter sa contribution. Mes remerciements à Boubacar Diallo pour avoir poussé sa curiosité à faire un documentaire sur le sujet, ce qui à n'en pas douter a relancé mon intérêt.

Enfin, je sais que certains lecteurs, resteront sur leur soif, car je n'ai pas fait d'interprétations. Tel n'était pas l'objet de ce travail. Le titre de mon ouvrage est très clair et ne laisse planer aucune ambiguïté sur le seul côté épistémologique et mathématique de la recherche.

L'auteur

Introduction

La terre ne ment jamais, cette citation des géomanciens Gulmanceba montre à quel point ils ont confiance en cette science divinatoire. Cette affirmation, signifie que les résultats qui sortent de l'expérience aléatoire sont une certitude, mais qu'en fait, eux en tant qu'Humains, sont susceptibles de se tromper. Et que les erreurs qui sont commises ne viennent pas de la terre mais de l'interprétation du géomancien lui-même. Cette confiance en la terre traduit pour eux toute la considération qu'ils ont pour cette mère nourricière. Pour eux, la terre est un bien naturel *pur*.

À partir de cette considération, le géomancien lui-même donne un caractère scientifique de sa discipline.

En cherchant à développer les principes mathématiques de la Géomancie ou « Jeu de Sable », c'est à cause de toutes les explications qui sont données sur elle. En dehors de l'interrogation sur ses origines arabes (égyptiennes), chinoise, mésopotamienne ou indienne, qui semblent ne pas faire l'unanimité, il y a aussi tout le côté mythique qui en fait une discipline crainte.

 L'autre aspect qu'il faut rappeler, est que toutes les sociétés du monde ont possédé à un moment ou à un autre de leur histoire, leurs Sciences occultes ou divinatoires. Chez les Gulmancéba, outre le jeu de sable, il y a aussi le jeu de cauris, le recours aux traces laissées sur le sable par un gros rat ou un petit renard, etc.

De toutes les pratiques précédemment citées, le jeu de « sable » est le plus pratiqué et apprécié par les Gulmanceba. Compte tenu des résultats auxquels ce jeu parvient qu'ils sont craints et souvent traités de sorciers.

Les peuples Gulmancéba habitent l'Est du Burkina Faso, l'Ouest du Niger, le Nord du Bénin et du Togo. Dès qu'on parle d'eux en Afrique de l'Ouest, la plupart des gens pensent automatiquement à ceux qui savent jouer au sable, prévoir l'avenir. En d'autres termes, ceux qui pratiquent la géomancie, la sorcellerie. En effet, comme le souligne Salif T. Lankoandé (2008), « parmi toutes les ethnies qui ont intéressé les ethnologues, anthropologues occidentaux, celle des gourmantchés a suscité un intérêt particulier du fait de la connaissance et de la pratique généralisée de la géomancie au sein de la population ». Parmi ces auteurs ayant déjà écrit sur les Gulmancéba, on peut citer ; Michel Carty (1966), A. Chantoux, Raphael Lompo (1963), Georges Madiéga (1978), Salif Lankoandé (2008), Sibo Fernand Combary (2008), etc.

Dans le sillage de ces auteurs, le présent ouvrage va s'intéresser aux principes mathématiques de la géomancie. C'est une partie à ma connaissance qui a été très peu traitée par la plupart des chercheurs du domaine. Ces chercheurs ont souvent porté leur intérêt sur le côté historique, culturel ou mythique. C'est en cela que réside l'originalité de cet ouvrage qui voudrait répondre à une autre question de recherche.

L'objectif principal de cet ouvrage est de mieux connaître cette pratique millénaire qui fascine tant de gens au plan purement scientifique. Il s'agira à travers une démarche épistémologique de faire quelques rappels historiques, de chercher à voir la base de construction/méthode de la géomancie et enfin de dégager les aspects positifs et négatifs de cette science pour contribuer à la promotion de ceux qui la pratiquent.

À l'évidence, mon intention n'est pas de faire l'histoire de la géomancie ; il y a suffisamment d'écrits sur le sujet. Ce n'est pas non plus de me lancer dans les interprétations des résultats géomanciens. L'objet de ce travail est l'épistémologie (méthode) de la géomancie, pour mieux savoir comment elle est construite ? Existe-t-il un support scientifique ou relève – t-elle de la métaphysique ? Pourquoi les géomanciens sont craints, adorés et conspués ?

Telles sont les interrogations que je me pose.

Le présent ouvrage traitera respectivement de la définition de la géomancie (1) ; examinera sa construction logique (2) ; avant de chercher à voir l'existence d'un soubassement mathématique (3) ; de voir la nécessité de construire un corpus théorique établissant la méthode de la géomancie (répondre à la question si elle peut prendre le nom de Science ?), d'étudier enfin au-delà de la logique mathématique, les apports des Gulmancéba et de l'Afrique en général dans cette science (4).

Chapitre I : Mythe et Réalité de la géomancie

La science occulte à laquelle on donne le nom de géomancie, et qui occupe si fort les esprits depuis des siècles, est aujourd'hui plus répandue que jamais et demeure d'actualité.

Le titre de cet ouvrage n'annonce pas seulement des recherches théoriques, il indique également que j'ai l'intention d'y appliquer les formes et les symboles de l'analyse mathématique. Mais je suis conscient que cela va m'attirer la réprobation des intellectuels et autres praticiens qui voient en la Géomancie l'objet de monopole à ne pas divulguer. Tous se sont levés comme de concert contre l'emploi des formes mathématiques pour comprendre cette pratique divinatoire considérée comme un art et une technique de sondage pour prévoir l'avenir. C'est aussi un moyen pour un certain nombre de personnes de se faire de l'argent sans en maitriser tout le côté scientifique de la discipline. C'est à ce niveau que se développent dans les villes des escrocs de tout genre pour profiter de la naïveté de certaines personnes de bonne foi.

1.1. Mythe de la géomancie

Traditionnellement, quand on parle de Géomancie, on voit la sorcellerie, l'évocation de phénomènes surnaturels. Ce mythe, cette crainte est dû (e) aux difficultés d'expliquer le fonctionnement du système et en particulier sa capacité à découvrir, prévoir un certain nombre de réalisations. Dans ce chapitre, je tenterai de faire quelques rappels historiques afin de voir d'où vient la géomancie, qui à priori ne semble pas être le monopole d'une ethnie, d'un peuple, mais une pratique sinon une découverte des civilisations humaines.

1.1.1. Définition de la géomancie

Le terme est directement issu du bas latin *geomantia* (« divination par la terre ») emprunté au grec *γεωμαντεία*.

La géomancie est un des arts divinatoires les plus anciens que l'Homme pratique.

Dans des temps immémoriaux, l'individu qui pratiquait la géomancie et qui souhaitait connaître une réponse à une question qu'il se posait, se concentrait sur celle-ci, puis, à l'aide d'un bâton ou simplement de son doigt traçait des traits dans le sable ou la terre.

C'est de là que vient le terme de Géomancie : divination par la terre.

Pour certains, la géomancie est l'astrologie de la terre. La mise en relation de l'individu avec la terre mère lui permet d'être directement « connecté » avec les forces telluriques de la planète. Voire directement avec son esprit. En d'autres termes, la *Géomancie*, science très ancienne, a de grandes affinités avec l'Astrologie, judiciaire ou onomantique, ainsi qu'avec la Science des Nombres

Système d'expérience aléatoire, la géomancie est un acte de divination qui se fonde sur seize signes (figures ou symboles) caractérisant seize états différents de la situation de l'Humain dans le monde. Et à cet égard, à propos de signe, Philippe Dubois (1987) écrit que « Passé le seuil du silence, le signe joue un rôle métaphysique dans l'épaisseur de la conscience, il participe de l'étincelle qui a anéanti à la fois les normes rationnelles, les solutions programmées et les impératifs conformistes ».

De façon générale, selon un article de l'Encyclopédie Wikipedia, « La **géomancie** est une technique de <u>divination</u> fondée sur l'analyse de figures composées par la combinaison de quatre points simples ou doubles (ou points et traits). Ces points sont obtenus par l'observation de cailloux ou d'objets jetés sur une surface plane ou posés dans un espace donné, par des lancers de dés, par le comptage de traits dessinés dans le sable avec un bâton, *avec des doigts* ou sur du papier à l'aide d'un stylo ou encore par l'observation d'éléments disposés dans la nature sans intervention humaine.

Je reteindrai surtout cette définition à la fois philosophique et poétique de Philippe Dubois (1987)[1], selon laquelle « la Géomancie peut se présenter comme un Grand Livre susceptible de véhiculer l'état Nature-en-soi non peinte par le pinceau des pensées discursives, ou tout du moins d'en être le témoin. Le thème géomancique offrant au regard une forme de « bande dessinée » nourrie du Symbole, de la Mythologie et du Ciel des Sages ».

1.1.2. Géomancie et astrologie

En étudiant la Géomancie, dès le premier abord, on remarque l'influence que l'Astrologie a exercé dans la constitution même de cette science divinatoire,

---

[1] Philippe DUBOIS (1987) : Géomancie : pratiques et interprétations. Éditions Albin Michel. Paris

influence qui se manifeste surtout dans la méthode d'interprétation du tableau géomantique. On la dénote également dans certains éléments essentiels, notamment en retrouvant parmi les 15 cases géomantiques les 12 Maisons astrologiques. Les 16 figures géomantiques, que l'on place dans les cases, ont une analogie frappante avec les Planètes, dont se sert l'Astrologie, surtout en ce qui concerne leurs « correspondances ».

Mais il y a une différence des plus importantes entre un Thème géomantiqne et un Thème astrologique qu'il faut souligner en premier lieu. Elle réside dans le fait que le Thème astrologique est basé sur des données précises, découlant d'un événement certain : le moment de la naissance d'un individu et de la position des astres à ce moment précis, tandis que le Thème géomantique dérive du nombre de points tracés, d'après la seule inspiration. Si l'intuition en l'inspiration ne joue en Astrologie judiciaire qu'un rôle secondaire, quoi qu'indéniable, dans l'interprétation, elle constitue, par contre, la base même de la Géomancie.

On remarque la principale influence de l'Astrologie sur la Géomancie dans le fait que les 12 Maisons géomantiques sont de vraies Maisons astrologiques, ayant conservé la même signification et correspondances. La similitude est renforcée du fait que ces Maisons ont une certaine analogie avec les signes du Zodiaque, car elles sont, à l'instar de ces derniers, partagées aussi en angulaires, cadentes et succédantes, qu'elles sont masculines ou féminines, qu'elles correspondent aux éléments - Feu, Terre, Air, Eau -, aux états élémentaires - Chaud, Froid, Sec, Humide - qu'elles sont considérées comme Fertiles, Stériles ou Doubles.

Par contre, dans le tableau géomantique, ces 12 Maisons ne sont pas disposées en cercle, comme dans l'Astrologie, mais placées 8 sur la première ligne, les 4 autres sur une deuxième ligne, au-dessous de la première. Il est à remarquer qu'elles se succèdent de droite à gauche, comme les lettres dans l'écriture hébraïque. Il y a aussi les cases des 2 « Témoins » et celle du « Juge » qui n'existent pas en Astrologie et qui occupent, dans le tableau géomantique, les deux lignes inférieures.

Une nouvelle similitude avec l'Astrologie apparaît au cours de l'interprétation, car on prend en considération, en Géomancie, les aspects que forment entre elles les diverses figures placées dans les 12 cases ou Maisons, mis à part les 2 Témoins et le Juge, avec lesquels aucun « aspect » n'est formé.

Si les premières cases ont une signification et des correspondances analogues à celles des signes du Zodiaque, toutefois, les Maisons ne sont pas mobiles par rapport à ces cases. Ainsi, la Maison I occupera toujours la case 1, ayant une analogie avec le Bélier, la Maison II, occupant la deuxième case, s'apparentant au Taureau.

Il est à noter que les diverses cases ou Maisons géomantiques ont des correspondances avec des types morphologiques, avec les divers organes du corps, ainsi qu'avec les caractères psychologiques, identiques à celles attribuées par l'Astrologie aux signes du Zodiaque.

1.1.3. Rappels historiques

La méthode de mon ouvrage ne repose pas sur l'Histoire. L'Histoire à laquelle j'ai recours ici, vise à situer le contexte dans lequel la Géomancie serait née. Cette démarche se situe dans le cadre de la Méthodologie qui est une approche « carrefour » aux confins de la Science. Je cherche à comprendre la construction épistémologique de la géomancie et au-delà, si elle peut prendre le nom de Science. En d'autres termes, je cherche la méthode de la géomancie.

Il est de bonne guerre que chaque peuple s'attribue tel ou tel apport dans les connaissances de l'Humanité. Il en est ainsi des Sciences et particulièrement de celles qui sont dites « dures » comme les mathématiques, la physique, etc. Il en est ainsi de la Géomancie et nous verrons pourquoi ? Ainsi, l'histoire voudrait que la géomancie soit d'origine arabe (Égypte), ce qui pourrait justifier son prolongement en Europe et notamment en Grèce. D'autres au contraire pensent qu'elle serait d'origine chinoise ou perse. Cette thèse n'est pas totalement évidente, car si on est d'accord avec les thèses du savant Sénégalais Cheik Anta Diop, qui fait remonter les premiers peuplements du Nil et de l'Égypte en général par des noirs, il est fort probable que ces pratiques géomanciennes aient été introduites par ces peuples. Quoiqu'il en soit, l'histoire objective de la géomancie montre au plan géographique, que tous les continents et tous les peuples ont créé, inventé et possédé leur propre géomancie. De la Géomancie asiatique en passant par la Géomancie arabe et celle africaine, le fondement était le même. En effet, dans les écrits d'Al-Kindf (mort en 873 à Bagdad), astrologue, métaphysicien, musicien, philosophe et géomètre, qui deviendront célèbres dans tout l'Occident médiéval, et notamment dans son célèbre « Traité des rayons », on lit « Toute figure actuelle, et même toute forme imprimée dans une matière élémentaire engendre des rayons qui opèrent des mouvements dans les autres choses » et d'ajouter « Est réputé Sage, celui qui perçoit ce qu'il y a de moins perceptible dans les choses et leurs conditions. ». Al-Kindf fait sortir l'interdépendance des phénomènes et ceci ne peut être perçu que par des Savants qu'il appelle Sages représentés par des initiés tels que les Géomanciens.

En remontant dans le temps, « Mu'awiyah bin al-hakam rapporte l'acte du prophète évoqué par Seyyidinâ Mohammed – sur lui, la Paix – avec le verbe d'action khatta qui signifie tracer, tirer des lignes ou des signes sur un support quelconque. Utilisé au mode intransitif, khatta précise que l'on trace des traits ou des signes sur le sable. Il n'évoque pas cet acte avec des termes tels 'ilm al-raml ou autre afin de privilégier le contact sensible avec la terre. Ces traces sur le sable (ou « jetées » sur une feuille de papier) sont un alignement de traits que l'on effectue sans compter et que l'on reporte sur plusieurs rangées ; au nombre de quatre, pour une seule figure, ou de seize pour réaliser un tableau complet (Écu géomantique). Dans ce dernier cas, les traits sont décomptés par rangées de quatre, sachant que la rangée dont le résultat est une somme de traits impaire s'exprime par un point et celle dont le résultat est une somme de traits paire s'exprime par un trait (deux points contigus chez les latins). La superposition de ces deux signes, ordonnés verticalement quatre par quatre, constitue autant de figures particulières parmi les seize figures possibles totalisant toutes les combinaisons paires / impaires (4×4=16) ».

Selon Dubois (1987), « L'efficacité de ce système mathématique repose sur l'idée que la Terre se caractérise par sa discontinuité assimilée à la parité, tandis que le Ciel, homogène et continu, exprime la nature de l'imparité*. L'acte du prophète Idrîs signifie que sa science participe de la dualité inhérente à tout ce qui provient du discontinu qui est une signature de la Terre, cependant que son intention spirituelle, conformément à sa fonction prophétique, relève de l'ordre du continu[2] ». On voit là le lien entre le Ciel et la Terre qui symbolise la répartition des 16 signes.

Enfin, « est comme Idrîs», c'est-à-dire : « celui qui trace des traits sur le sable », à condition qu'il applique cette science particulière avec une intention saine et désintéressée, peut être considéré comme s'intégrant au rang de ses héritiers

---

[2] -L'ésotérisme islamique reconnaît le prophète Idrîs dans cette évocation. Il est intéressant de noter que dans l'Évangile de St. Jean (8, 6 et 7), Seyyîdinâ 'Isâ (le Christ) est décrit traçant également des signes sur le sol avec ses doigts tandis qu'il délivre son enseignement à la femme adultère (voir la précision dans la note suivante concernant les deux fonctions distinctes de S. 'Issâ et S. Idrîs, auxquels sont attribués respectivement le Ciel de Mercure et le Ciel du Soleil).
[3] signifie : sort, augure

En Afrique, la géomancie est connue du Tchad, du Soudan, de l'Algérie, de la Mauritanie, de Madagascar, des Iles Comores et surtout de l'Egypte d'où certains pensent que c'est le berceau.

S'agissant de l'Afrique de l'Ouest, la géomancie telle que je vais la décrire est plus connue chez les Gulmancéba et les Songhaï (Burkina Faso, Bénin, Mali, Mauritanie Togo et Niger), les Yorubas du Nigeria. Ces derniers disaient que « celui qui connaît le *Fa*[3] n'a pas besoin de regarder au plafond avant de donner l'interprétation adéquate »

Finalement, l'origine réelle de ce type d'oracle reste incertaine. Certains auteurs le disent d'origine perse, tandis que d'autres tablent sur une création arabe. Le mode de construction des figures et leur placement dans l'ensemble de l'oracle, toujours de la droite vers la gauche, sont en tout cas la marque d'un peuple faisant usage d'une écriture de la droite vers la gauche, que la langue soit d'origine sémitique (arabe) ou non (persane).

1.1.4. La géomancie chez les Gulmanceba

1.1.4.1.   *Contexte*

Au Burkina, les Gulmanceba sont reconnus comme étant le peuple qui pratique la géomancie. Les Gulmancéba aussi appelés Gourmantché constituent un groupe ethnique africain, qui vit dans l'actuel Burkina Faso. Dans ce pays, ils représentent 7% de la Population. Leur capitale est Fada N'Gourma connu sous le nom de Nungu en référence aux Nanumba. Les Gulmancéba sont aussi installés dans les pays voisins du Burkina Faso, notamment au Nord du Togo et du Bénin, et dans le sud-ouest du Niger.

Ce peuple est à forte croyance animiste, où la géomancie est très pratiquée. « En Afrique de l'Ouest, dès qu'on parle des Gulmanceba, le citoyen lambda comme le dit Salif Titamba Lankoandé (2004) pense automatiquement à ceux qui traditionnellement savent consulter le « sable », c'est-à-dire qui pratiquent fréquemment la géomancie ». Ils sont appelés *tambipuala* ou *tampuala* signifiant « ceux qui « frappent le sable » et le joueur de sable est désigné sous le nom de *tampoalo* ou *tambipuolo*. De cette tradition ancestrale, le Gulmance est considéré comme un « joueur de sable » même si c'est une science qui ne peut se pratiquer que suite à un apprentissage souvent long, car très complexe au niveau des interprétations comme nous le verrons plus tard.

Mais pourquoi, ce peuple qui se trouve au milieu de la boucle du Niger et jaloux de ses traditions millénaires, en est parvenu à être un des détenteurs de cette Géomancie ? Il semblerait selon certains historiens (Boubou Hama, Ancien Président de l'Assemblée nationale du Niger), que les Gulmanceba seraient venus du Lac Tchad, et si tel est le cas, on pourrait comprendre que dans leur déplacement ils aient amené avec eux cette pratique qui viendrait d'Égypte.

Tel qu'on le voit, la géomancie n'est pas le monopole d'un peuple, c'est un art mondialement connu et reconnu et plusieurs personnes l'y pratiquent et en sont demandeurs. Jésus Christ tout comme le prophète Mohamed avaient connaissance de cette géomancie même s'ils ne l'ont pas recommandé expressément. Au Burkina Faso, des sollicitations viennent d'un peu partout de l'intérieur du pays et de l'étranger pour des « consultations » auprès des Gulmanceba.

1.1.4.2   Pratique

Bien qu'il existe plusieurs formes de divinations (usage de la gourde, cauris, la technique de la transe, le *bulo*, etc), le Gulmance a plus recours au jeu de sable qu'à tout autre art divinatoire. Apparemment, il manifeste davantage plus de confiance qu'aux autres méthodes.

 La géomancie fait partie intégrante de la culture des Gulmanceba. Ces derniers n'entreprennent aucune activité sérieuse sans au préalable consulter le *tampuolo* qui va lui dire si ce qu'il entreprend se déroulera dans des bonnes conditions. Dans le cas contraire, quelles sont les solutions possibles. En d'autres termes, la Géomancie a pour rôle de prédire l'avenir. C'est une discipline de prédiction et de prévision. Elle est la boussole des gulmanceba. L'ignorer, c'est marcher à tâtons dans la nuit. C'est dans ce sens que Michel Cartry (1963) disait que « La géomancie est un peu comme le code fondamental de cette société [Gulmance], code que nul ne peut ignorer complètement s'il ne veut assister en spectateur aveugle au déroulement des évènements et aux grands débats de la vie publique [3]». Ainsi, on

---

[3] Cartry Michel (1963) : « Notes sur les signes graphiques du géomancien gourmantché », in *journal de la Société des Africanistes, XXXIII (2)*

peut citer les cas les plus fréquents qui amènent le Gulmance à avoir recours au géomancien.

Tableau 1 : Quelques situations de recours au géomancien

Numéro	Situations/évènement
1	*Bayuali* (même si on n'a pas de problème, il est d'usage pour le gulmance de prendre connaissance de son *bayuali* qui veut dire son avenir)
2	Emplacement pour construire une nouvelle maison
3	Voyage
4	Maladie fréquente (grave)
5	Chasse (si la chasse sera bonne et aussi éviter des accidents)
6	Identification d'un voleur (vol important)
7	Choix d'une jeune fille (conjointe)
8	Circoncision (initiation qui est un moment important chez les Gulmanceba)
9	Problème de stérilité
10	Entreprendre une activité commerciale
11	Prévision/prédiction météorologique et bonnes récoltes
………..	Etc.

Source : auteur

Il faut noter que la numérotation dressée dans ce Tableau n'est pas dressée ici par ordre d'importance. De plus, la liste des évènements n'est pas exhaustive. De façon générale, la consultation se fait au gré des évènements.

Il apparaît à la lumière des analyses précédentes, tout le côté mythique de la géomancie. Il est même difficile de dire avec exactitude, quel et le peuple qui fut l'inventeur de la géomancie. Sa pratique semble se faire dans une répétition ancestrale sans chercher à comprendre la logique du système. Tout se passe comme si les initiés voulaient l'exploiter à leurs seules fins. D'où la nécessité d'examiner de plus près quelles sont les réalités de cette discipline ?

1.2. Réalités de la Géomancie

Pour savoir la base philosophique de la Géomancie chez les Gulmaneba, donnons la parole au *Tambipualo*. Interrogé par Salif Lankoandé (2004)[4], il dit : « Pour comprendre pourquoi la géomancie est une technique divinatoire sérieuse qu'on ne doit pas prendre en dérision dit-il, il faut savoir que nous tous, Humains et animaux vivant sur la terre, sommes issus de la terre, notre mère nourricière. À notre mort, nous serons tous enterrés en son sein, où nous retournerons inéluctablement. La terre ne craint personne parmi les Hommes, elle ne ment jamais quand on l'interroge dans des conditions favorables à propos de tous les évènements passés, présents et futurs. Avec force détails, elle nous dira tout, quitte à nous de savoir interpréter son langage codé ».

Pour mieux comprendre les aspects mythiques de la Géomancie, il faut se rappeler de son histoire confuse qui voudrait que « Dans la nuit des temps, la transmission originelle des Figures Mères est attribuée d'un ange à un prophète, sur le sommet d'une Montagne. Symboles universels d'une connaissance ésotérique entre Ciel et Terre. Lecture dans les pierres tombées du Ciel, d'une Sagesse révélatrice toute englobante. Support par lequel s'exprime le « Guru en Soi ».

---

[4] Salif Titamba LANKOANDE (2004) : « Les Gourmantché », in Les Presses Africaines du Burkina

Tableau 2 : Géomancie ou la relation entre Ciel et Terre

Figures célestes								
Figures terrestres								

Source : Philippe Dubois (1987)

La géomancie reflète le discours entre Ciel et Terre, réfléchit le désir de l'intelligible, quête divine dans les profondeurs de la Terre ». Cette relation entre Ciel et Terre partage les 16 signes de façon égale entre ces deux espaces.

Les 16 symboles qui figurent dans le Tableau 1, sont tous différents. Leur caractéristique commune est d'être constituée de 4 éléments dont la particularité est représentée par I ou II trait (s). Quant à la différence, elle repose sur la distinction « figures célestes » et « figures terrestres » traduisant l'Histoire mythique qui voudrait que ces symboles universels relèvent d'une connaissance ésotérique entre Ciel et Terre. Une autre différence, si on fait un examen attentif, plus scientifique celle-là, est le caractère « pair » et « impair » des signes. Enfin, il est à remarquer que le nombre de points entre les deux parties n'est pas le même. Les figures célestes comptent au total 46 points tandis que le total des points des figures terrestres est de 50, soit un total de 96 points conformément aux principes géomantiques.

Dans le même ordre d'idées, dans sa classification, Robert JAULIN (1968) sur la *Géomancie : La divination*, aux PUF, distingue aussi deux groupes de figures « internes » et « externes »

Dans cette répartition, le nombre total de points des « externes » et des « internes » est le même, soit 48. Le Tableau de Jaulin ressort une répartition égalitaire du nombre de points contrairement à celui présenté par P. Dubois.

Tableau 3 : Répartition des symboles entre les figures externes et les figures internes

Externes	Internes
• • • •	•• •• •• ••
• •• • ••	•• • •• •
• • •• ••	•• •• • •
• •• •• •	•• • • ••
•• •	
• •• • ••	• • •• ••
•• •• • •	• •• • ••
• •• • ••	•• •• • •
• • •• ••	• •• • ••

Source : Robert Jaulin (19…) cité par P. Dubois 1985

La physiognomonie qui est la science qui révèle le monde intérieur, opère dans l'occultation des apparences et dans la manifestation du Caché se fonde sur les différentes parties du corps humain pour faire sa classification en deux groupes. Dans cette classification également, le premier groupe compte 46 points et le second 50 points. Dans la correspondance des couleurs avec les figures, la répartition des deux groupes établit la même répartition des points.

L'examen des stratifications africaines, notamment chez les Gulmanceba et les Malgaches fait ressortir une répartition équilibrée en nombre égal de points, soit 48. Cependant, chez les Yoruba, cette répartition rejoint celle de Dubois, soit 46 et 50 points.

Le témoignage de ce reflet est représenté par l'Ecu, « Phyltres des Figures Mères », ces dernières possédant la propriété de réfléchir sur « une sorte d'image radiographique du moment » selon Etienne Perrot (1973)[5] dans ses modalités de transmutation.

Le vrai symbolisme jaillit de la nature. En lui-même, le symbole n'est que l'ombre d'une réalité plus haute dit Philippe Dubois.

Les différences qui apparaissent dans ces Tableaux montrent déjà une polémique quant à l'origine de la géomancie. Il ressort d'une part, un manque de cohérence et d'explication scientifiques, et d'autre part, les interprétations non moins mythiques de la position des signes dans l'espace et dans le temps. Au-delà des exigences des signes et des symboles, au-delà des origines mystérieuses de la géomancie, je cherche à construire une certaine logique et à bâtir une « méthode géomantique » pour recentrer l'Histoire d'une certaine Science.

En définitive, la géomancie ne semble pas être le monopole d'une ethnie, d'un peuple ou d'un continent, mais une pratique, sinon une invention des civilisations humaines avec des adaptations multiples suivant les cultures et les préoccupations de ces sociétés.

C'est dans ce contexte historique flou et de paternité non identifiée que je vais essayer d'examiner la construction logique de cette géomancie afin d'apporter ma pierre au patrimoine de l'histoire et de la connaissance. Pour ce faire, j'ai l'intention de recourir à la Mathématique.

1.3. La méthode mathématique

En effet, le titre de mon essai n'annonce pas seulement des recherches théoriques, il précise aussi mon intention d'y appliquer les formes et les symboles de l'analyse mathématique.

L'analyse mathématique n'a pas seulement pour objet de calculer des nombres comme le dit l'économiste, philosophe et mathématicien Antoine Augustin COURNOT[6] (1838) mais qu'elle est aussi employée à trouver des relations entre des grandeurs (variables) que l'on ne peut évaluer numériquement, entre des fonctions dont la loi n'est pas susceptible de s'exprimer par des symboles

---

[5]Etienne Perrot (1973) : [1] Etienne Perrot (1973) : Préface du Yi King de Richard Whilhelm ; éd. Librairie de Médecis

[6] A. A. Cournot (1974) : recherches sur les principes mâthématiques de la théorie des richesses. Editions Calmann-Levy, Paris

algébriques. « C'est ainsi dit-il que la théorie des probabilités fournit la démonstration de propositions très importantes, quoiqu'on ne puisse évaluer numériquement, sans le secours de l'expérience, les probabilités des évènements contingents, si ce n'est dans des questions .de pure curiosité, comme celles qui se rapportent à certains jeux de hasard » et nous précisons comme la Géomancie.

J'ai recours aux mathématiques aussi parce qu'elles sont intégrées dans un raisonnement déductif dont la démarche se fonde sur des hypothèses. Or, une « discipline » comme la Géomancie a besoin d'un raisonnement rigoureux pour éviter la contestation même si on ne l'évitera pas totalement. Je la place dans son acception abstraite et non pas son cadre d'application faite par les praticiens géomanciens. C'est une des raisons pour lesquelles je ne ferai pas d'interprétation. De ce fait, je ne rentrerai pas dans l'anarchisme méthodologique. La logique formelle est ici comprise sans ambiguïté comme « l'organon de l'argumentation critique »[7]. Elle reste comme le souligne Charles Z. Bowao (1995)[8] « dans son origine aristotélicienne, la science du raisonnement correct, disposant aujourd'hui des techniques symboliques performantes de formalisation ».

Mon objectif est de répondre à la question : la Géomancie est-elle une science ? Pour répondre à cette question il faut que je me réfère à l'objet d'une discipline. Ceci consiste à spécifier les aspects des phénomènes qui relèvent d'elle et ceux qui restent en dehors de son champ d'investigation. D'après la définition du *Petit Robert* cité par Léna Soler (2000) « les disciplines scientifiques sont à tout moment supposées capables de délimiter sans ambiguïté leur objet d'étude, bref, de dire précisément de quoi elles parlent :

- La science fournit des *connaissances* sur son objet ;
- Les connaissances scientifiques doivent être *fondées sur des relations objectives vérifiables ;*
- Les connaissances scientifiques sont supposées posséder une *valeur universelle ;*
- les connaissances scientifiques doivent être obtenues par une *méthode déterminée ;*
- la définition examinée mentionne enfin un *ensemble de connaissance*

---

[7]- Popper K. (1985) : Conjectures et Réfutations. Editions Payot, Paris

8- Bowao Charles Z. (1995) : De l'argumentation : une quête de fondement in Revue Autour de la Méthode aux Presses Universitaires de Dakar. Collection EPISTEME 1995

Enfin, il faut rappeler qu'une théorie scientifique comme le souligne Léna Soler « est un ensemble de propositions *interconnectées* (une proposition isolée est rarement assimilée à une théorie). On a idéalement affaire à ce que l'on appelle un système hypothético-déductif : de quelques hypothèses fondamentales non contradictoires prises comme base, sont déduites un grand nombre de conséquences, et l'ensemble constitue la théorie.». Cela veut dire qu'il ne s'agit pas dans les faits d'une juxtaposition des énoncés mis en jeu, mais d'une organisation interne, de rapports hiérarchiques selon lui.

Tels sont les principes méthodologiques qui vont me guider dans cette recherche, dans cette construction logique.

Chapitre II : Construction logique

Les oracles géomantiques sont basés sur une série de figures, chacune composée de quatre lignes de points, pairs ou impairs. Par différentes combinaisons simples, les tirages des figures sont développés pour former un diagramme ou graphe destiné à l'interprétation : un *écu* ou *thème* (terme emprunté à l'astrologie) géomantique, ou encore un carré. Les significations propres aux figures géomantiques, leurs positions dans l'écu ou le graphe obtenu et les relations à l'intérieur du graphe des figures entrent en compte dans l'interprétation.

2.1.   Opérationnalisation

Les usagers de cette méthode de divination procèdent habituellement à un « tirage » de quatre figures, selon différentes techniques (jet de dés, de pièces, séparation de tas de cailloux, etc.). Ce tirage est aléatoire et avec remise.

Une méthode de tirage consistait par exemple à aligner, sur le sable, quatre lignes superposées de points tracés au hasard, puis de faire le décompte de chaque ligne de points. D'une ligne impaire résultait un point unique, et d'une ligne paire un point double. Cette méthode est encore utilisée de nos jours, dans une version « adaptée ». Chez les Gulmanceba, le décompte se fait 2 à 2 et on retient à la fin 1 ou 2 qui représentent les traits restants. Ailleurs, le medium trace sur le papier quatre lignes de points pour en faire ensuite le décompte. Aujourd'hui, on peut le faire à l'aide d'un ordinateur et faire le décompte 2 à 2 ou compter tout simplement le nombre de traits en considérant que si le nombre est impair, on marque 1 et s'il est pair, on marque 2. L'expérience aléatoire se compose de quatre opérations qui permettront d'avoir les quatre premières figures.

Ces quatre premières figures sont en général appelées les « Quatre Mères », et d'elles découlent, par un système complexe de report de points, les onze autres figures de l'oracle. Ces quinze figures sont réparties en douze « maisons », deux « témoins » (droit et gauche) et un « Juge ».

Certains adeptes de cette technique divinatoire y ajoutent une seizième « maison », le « Subjudex » ou « la Sentence », obtenue à partir de la combinaison du « Juge » et de la « maison I ». Cette « maison » surnuméraire n'est habituellement pas dessinée sur le graphique des quinze « maisons » classiques qui forment l'*écu.*

Des seize lignes de points il est généré les quatre figures mères géomantiques qui se composent de quatre parties chacune :

— la tête ;

— la poitrine ;

— le ventre ;

— le pied.

On voit ici, la référence à l'Homme pour représenter les figures qui sont constituées des quatre parties du corps humain.

Chez les Gulmanceba, la *maison* surnuméraire est systématiquement déterminée, car elle est très importante dans l'interprétation des résultats. De plus, elle est utilisée dans les *combinaisons* qui vont suivre. Ce seizième signe est appelé *o nuhuni* qui signifie « la main » ou ce que je garde en main. C'est la *retenue* au sens mathématique du terme. Ainsi, cette retenue sera regardée afin de voir si ce signe figure dans le reste de l'Ecu et quelle est sa place pour l'interprétation des résultats?

La construction d'un graphe ou d'un Ecu est choisie dans l'expérience aléatoire parmi 16^4 = 16 x 16 x16 x 16 = 65 536 graphes tous discernables. D'où la probabilité (p) d'apparition d'un graphe qui est :

$$p = 1 / 65\,536 = 0{,}0000152$$

Une telle probabilité est très faible et montre que si on recommence l'expérience aléatoire, la chance que le même graphe apparaisse deux fois successivement est de 0,0000152. C'est-à-dire, 152 chances sur 10 000 000.

2.2.   L'Ecu[9] ou graphe[10]

Selon Philippe Dubois 1987), l'Ecu géomantique vise à mettre l'âme à l'abri des influences dissolvantes et à les consteller positivement. Il est parfois appelé l'« Eventail », symbole de déploiement de la forme, et aussi écran, blason, bouclier protecteur (CF Schéma 1).

---

[9]- Le mot « écu » est end relation avec la forme des premiers boucliers ou encore du blason

[10]- un graphe est ici l'ensemble du résultat obtenu au cours de l'expérience aléatoire. Il est composé de 12 signes avec répétition de certains des signes ou symboles. Le graphe est aussi ce que d'autres appellent l'écu.

Schéma 1 : L'Ecu géomantique de Tradition orientale

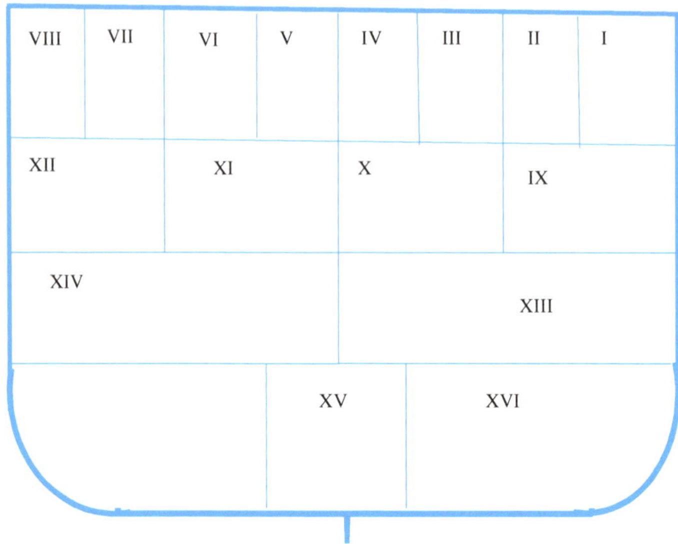

Source : Philippe Dubois (1987)

Il en existe d'autres variantes, telle celle prisée par la tradition occidentale de « Géomancie astronomique » qui consiste en l'ancienne disposition du Zodiaque, en carré qui fait ressortir les axes du Méridien et de l'Horizon. Il existe aussi, lorsqu'on a recours à l'astrologie, une disposition en cercle des douze premières Figures ainsi que des variantes de l'Ecu oriental (tracé sous forme de triangle, pointe en bas).

À travers ce schéma 1 appelé Ecu, on y trouve 16 figures qui sont déterminées par les 12 Maisons astrologiques, auxquelles on ajoute 4 « Maisons judiciaires », à savoir le Témoin droit (XIII), le Témoin gauche (XIV), le juge (XV), au centre et selon les Ecoles, le Subjudex ou la Sentence (XVI).

Tout comme il a été déterminé la probabilité d'apparition d'un graphe où d'un Ecu, on peut aussi calculer la probabilité (p) d'apparition d'une figure ou d'un signe lors d'une expérience aléatoire. Elle est :

$$p = 1/16 = 0,0625$$

À la différence des 65 536 graphes qui sont tous discernables, il n'en va pas de même dans le tirage des signes où chacun d'eux peut figurer plusieurs fois dans l'expérience qui formera un graphe. C'est comme un tirage avec remise de n éléments à mettre dans k cases avec répétition de chacun des n éléments. Cependant, l'interprétation d'un même signe à l'intérieur du graphe est fonction de la « Maison ». En fait, c'est la partie la plus complexe de la géomancie car en ce moment il faut plusieurs années et une formation continue auprès d'autres géomanciens pour devenir un vrai géomancien et non un charlatan.

Plusieurs représentations des 16 signes peuvent être faites en dehors de la forme Ecu. Parmi celles-ci, il y a le carré magique.

2.3.   Le carré magique ou *taskin*

Dans ce taskin, la somme des valeurs produites par les quatre figures de chaque tableau carré est égale à 24. De même en additionnant les diagonales ou les quatre angles, on obtient toujours 24. Lorsqu'on additionne les valeurs des 16 figures discernables dans le carré on obtient le chiffre 96 (soit 24 x 4 = 96).

2.3.1.   Carré magique et géomancie

a. *Définition*

En mathématiques, un **carré magique** d'ordre n est composé de n^2 entiers strictement positifs écrits sous la forme d'un tableau carré. Ces nombres sont disposés de sorte que leurs sommes sur chaque rangée, sur chaque colonne et sur chaque diagonale principale soient égales. On nomme alors **constante magique** (et parfois **densité**) la valeur de ces sommes.

Un **carré magique normal** est un cas particulier de carré magique, constitué de tous les nombres entiers de 1 à n^2, où n est l'ordre du carré.

b. *Rappel historique*

Les carrés magiques étaient connus des mathématiciens chinois, à partir de 650 av. J.-C.[1], et des mathématiciens arabes, probablement vers le VIIe siècle, lorsque les armées arabes firent la conquête du nord-ouest de l'Inde, apprenant des mathématiciens indiens, ce qui incluait certains aspects de la combinatoire. Les premiers carrés magiques d'ordres 5 et 6 apparurent dans une encyclopédie publiée à Bagdad vers 983, l'Encyclopédie de la Fraternité de la pureté (Rasa'il Ikhwan al-Safa). Des carrés magiques plus simples étaient connus de plusieurs mathématiciens arabes antérieurs. Quelques-uns de ces carrés furent utilisés en conjonction avec des « lettres magiques » par des illusionnistes et des magiciens arabes.

Les Arabes seraient les premiers, au Xe siècle, à les utiliser à des fins purement mathématiques. Ahmad al-Buni (en), vers 1250 leur attribue des propriétés magiques.

En Chine, ils furent représentés par différents symboles (ainsi en est-il par exemple du carré Xi'an), puis symbolisés par des chiffres en Inde où furent inventés les chiffres arabes. On les retrouve dans de nombreuses civilisations d'Asie et d'Europe avec généralement une connotation religieuse.

En 1510, le philosophe allemand Cornelius Agrippa (1486-1535), parle de nouveau des carrés magiques, avec toujours une connotation religieuse, il écrit un traité De Occulta Philosophia où il expose une théorie mêlant astrologie et carrés magiques. S'appuyant sur les écrits de Marsile Ficin et de Jean Pic de la Mirandole, il explique les propriétés de sept carrés magiques d'ordre 3 à 9, chacun étant associé à l'une des planètes astrologiques. Cet ouvrage eut une influence marquée en Europe jusqu'à la Contre-Réforme. Les carrés magiques d'Agrippa continuent à être utilisés lors de cérémonies magiques modernes selon ce qu'il a prescrit.

Simon de La Loubère, diplomate et mathématicien français, publie en 1691 *Du Royaume de Siam*. Il introduit pour la première fois dans la langue française le terme « carré magique », et expose une nouvelle méthode de construction, dite « méthode siamoise », permettant de construire des carrés d'ordre impair arbitraire.

Il existe des dispositions magiques pour tout carré d'ordre n ≥ 1. Le carré d'ordre 1 est trivial, n'importe quel nombre indiqué dans l'unique case permet de satisfaire les règles. Le carré d'ordre 2 est également trivial puisqu'il n'utilise tout au plus que deux nombres différents. Le plus petit cas non trivial est le carré d'ordre 3.

Il semble que le premier carré magique construit a été celui de Lo Shu qui signifie en chinois « livre » ou « rivière ». De nombreux écrits montrent que les carrés magiques étaient connus des mathématiciens Chinois il y a - 6501 ans et des mathématiciens arabes vers le VII ième siècle, lorsque les armées arabes firent la conquête du Nord-Ouest de l'Inde (Maths Vedic France – http://sciences et maths.e-monsite.com/pages/le-carre-magique. html#BCt1XoqTO6LudBML.99).

Le premier carré utilisé a été le carré 3x3, qui fera ensuite son chemin hors de Chine et notamment en Inde, puis en Arabie et ensuite en Europe médiévale. Depuis, les carrés magiques ont fasciné l'humanité à travers les âges, et ont été en usage depuis plus de 4 120 ans. Ils se retrouvent dans un certain nombre de cultures, y compris l'Égypte et l'Inde, gravés sur la pierre ou le métal et portés comme talismans, la conviction étant que les carrés magiques ont des qualités astrologiques et divinatoires, leur utilisation assurant la longévité et la prévention des maladies.

Le seul carré magique normal d'ordre 3 est le carré de Luo Shu (tous les autres sont obtenus par réflexion ou rotation). Ce carré 3x3 a été utilisé dans le cadre de rituels du temps de l'Inde védique et continue à être utilisé jusqu'à ce jour.

Carré magique 3x3

4	9	2
3	5	7
8	1	6

Dans ces transformations de carré magique normal d'ordre 3, et dans tous les cas :

> ➢ Le nombre 5 est toujours au centre du carré, à l'intersection des deux diagonales ;
> ➢ Les nombres impairs sont toujours placés en croix sur les 2 lignes centrales (verticale et horizontale) du carré ;
> ➢ Les 4 nombres pairs sont toujours dans les 4 coins extérieurs du carré ;
> ➢ Les sommes dans chacune des 3 lignes, dans chacune des 3 colonnes et des deux diagonales, sont toutes de 15 (5 est la constante).

2.3.2. Carré magique et géomancie

a. Construction du carré magique de la géomancie

Cette construction se présente comme suit :

Schéma 2 : Carré magique de la géomancie

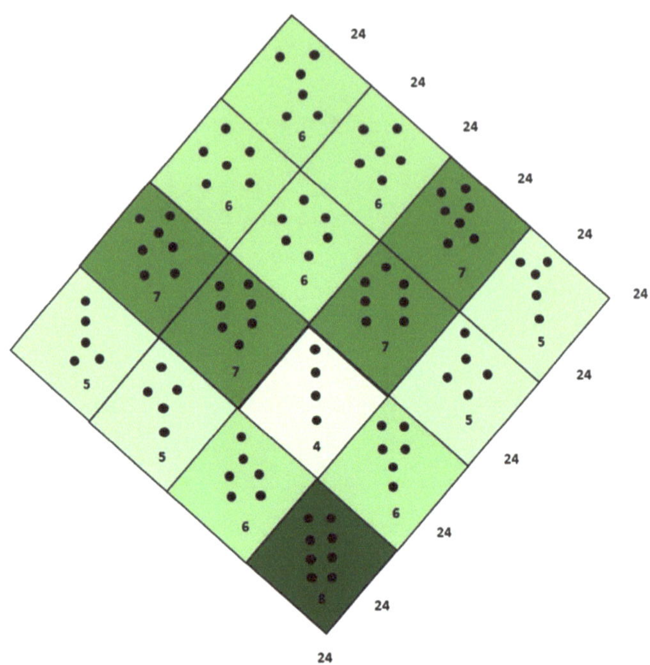

Source : X : la Fin des temps modernes

Il s'agit du carré originel tel qu'il a été conçu au départ

Le résultat peut être obtenu de la manière suivante aussi en regroupant les figures ayant la même valeur, soit :

Tableau 4 : Résultats de la sommation du Carré

Nombre de points des figures	Nombre de figures	Valeur totale des points
4	1	4
5	4	20
6	6	36
7	4	28
8	1	8
Total		96

Source : Auteur à partir du carré

La somme des deux chiffres composant le nombre 96 (9 + 6) est égale à 15 qui est égale au nombre de figures actives telles que définies dans l'Ecu. C'est-à-dire toutes les quinze premières Maisons. Le Subjudex (Maison 16) se situe en dehors de la procession. Dans une consultation géomancienne à l'Occidental, la seizième case de l'Ecu est interprétée comme ultime sentence (selon la nature de la figure), lorsque le Juge, en maison XV, ne répond pas clairement à la question posée, d'où son nom « Subjudex » donné par les géomanciens latins. En arabe, le nom de cette Demeure est al-âqibah (« l'issue »). Chez les gulmanceba, on l'appelle la *main* ou la *retenue*. Dans l'interprétation et en fonction de la nature du sujet, ce signe est très important car il veut dire « qu'est-ce que j'ai gagné ». Ainsi, si le sujet faisant l'objet de la consultation portait sur de l'argent, le géomancien va regarder si ce signe que l'on a dans la main figure parmi les 15 autres signes de l'Ecu. Si c'est le cas, l'interprétation se fait en regardant la Maison occupée.

b. La construction du carré magique suivant la logique gulmancéba

Une des règles simples de la géomancie est que le juge (Figure XV) de la question doit être obligatoirement habité par une figure géomantique dont le nombre d'étoiles est pair ! Cette figure fait partie des figures nobles (Cf Tableau 3)

Cette règle traduit le fait qu'aucun signe impair ne peut être juge. Suivant la définition des géomanciens gulmanceba, la classification est présentée au Tableau 3

On voit que cette présentation est totalement différente de celle de Philippe Dubois et de Jaulin suivant la logique européenne. Par contre, elle est similaire à celle des Malgaches.

Partons donc de cette division en figures nobles et figures valets chez les Gulmanceba pour reconstruire le carré magique et comparons cette nouvelle représentation avec celle du *Taskin*.

Tableau 5 : Répartition des signes selon les géomanciens Gulmanceba

Figures nobles								
Figures valets								

Source : auteur d'après la Géomancie gulmanceba

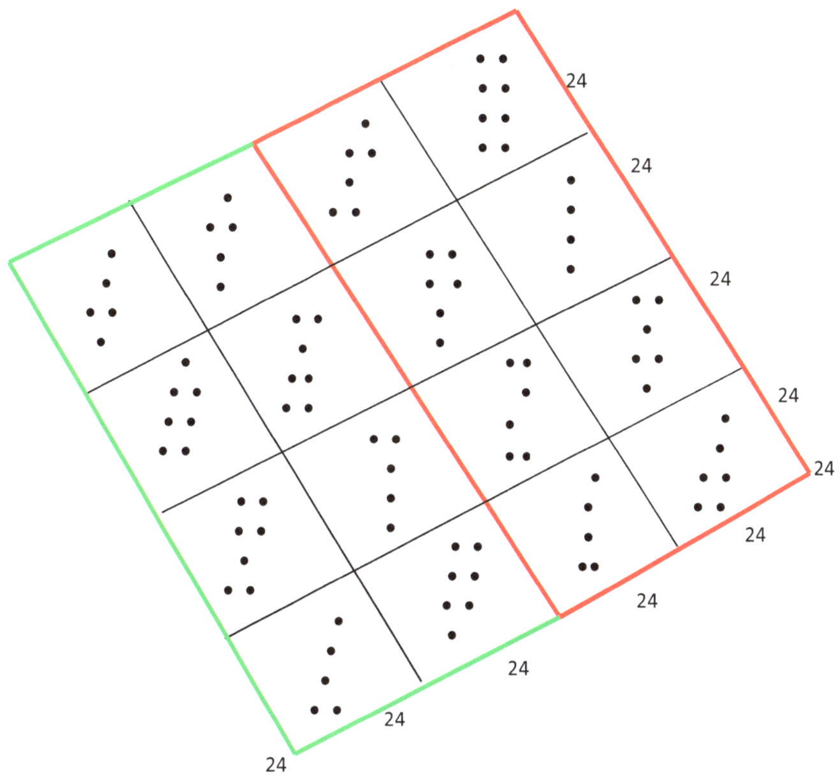

Source : auteur

Le carré magique est divisé en 4 carrés, composés de 4 petits carrés dont la somme des points est 24. D'où 24 x 4 = 96 points.

Je remarque que les sommations (Σ) suivant les lignes, les colonnes et les diagonales donnent effectivement 24.

$\sum_{j=1}^{4} n_{ij} = \sum_{i=1}^{4} n_{ij} = n_{i.} = n_{.j} = 24$. C'est aussi la sommation des 4 angles qui relient chaque diagonale,

soit : $n_{11} + n_{14} + n_{44} + n_{41} = 5 + 8 + 6 + 5 = 24$

Ici, la principale disposition est conditionnelle et consiste à ranger les symboles

41

pairs d'abord l'un après l'autre de même que les signes impairs l'un après l'autre dans une disposition ordonnée. Il est possible de commencer les dispositions avec les signes impairs et ensuite les signes pairs à condition de garder le même ordre que celui dégagé avec la disposition paire. En fait, c'est un système de permutation qui doit permettre d'avoir toujours $\sum_{j=1}^{4} nij = \sum_{i=1}^{4} nij = n_{i\cdot} = n_{\cdot j} = 24$

Tableau 6 : Résultats de la sommation du Carré

Valeur de la figure	Nombre total de figures	Valeur totale
8	1	8
7	4	28
6	6	36
5	4	20
4	1	4
Total		96

Source : auteur

On retrouve bien le total de points qui est 96.

Remarque : la somme des points pairs est égale à celle des points impairs, soit 48.

2.3.3. Construction du carré magique et formulation théorique

Au plan mathématique, la constante magique d'un carré magique normal ne dépend que de n et de la valeur M = (n³ + n)/2. La démonstration suivante peut être faite.

Soit un carré magique normal $n \times n$, supposons que M est le nombre-somme auquel devrait correspondre le total de chaque rangée, colonne et diagonale. Du fait qu'il y a n lignes, la somme de tous les nombres dans le carré magique doit être $n\,M$. Mais, les nombres additionnels 1, 2, 3, …n^2, soit $1+2+3+ …+ n^2 = n\,M$. La formule générale est :

$$\sum_{i=1}^{n^2} \quad = \quad nM$$

En recourant à la formule de cette somme, j'obtiens

$$n.\,M = \frac{n^2(n^2+1)}{2}$$

Et la résolution de M donne : $M = \dfrac{n\,(n^2+1)}{2}$

Ainsi, un carré normal Lo Shu *3 x 3* doit avoir ses lignes, colonnes et diagonales totalisant

$$M = \frac{3(3^2+1)}{2} = 15$$

En se reportant effectivement au carré magique précédemment représenté on a les sommations qui font toujours 15.

En recourant à la même formule, un d'Albrecht Dürer (1514)[11] de carré magique 4 x 4 est :

$$M = \frac{4(4^2+1)}{2} = \frac{68}{2} = 34$$

Rappelons que tout carré magique possède huit « formes » ou « huit « figures » différentes, obtenues par rotations (4 figures y compris l'original), symétriques par rapport aux médianes (2 figures) et symétriques par rapport aux diagonales principales (2 figures).

Je laisse de côté l'aspect mythique de la naissance du carré magique.

À travers la construction de ce carré magique, on voit que le voile semble déjà se lever petit à petit. Désormais se dégage quelques pistes pour une explication plus rationnelle. En effet, la construction du carré magique, obéit à un certain nombre de dispositions. C'est grâce à ces dispositions qu'il m'a été donné de construire le nouveau carré magique fondé sur les dispositions figures nobles, figures valets des Gulmanceba.

---

[11]- Le carré magique de Dürer fait partie des 660 carrés magiques de base d'ordre n = 4

Je vais de ce fait m'inspirer des démonstrations précédentes pour établir le lien entre géomancie et carré magique. En établissant le *carré* de format *4 x 4,* je constate que s'il s'agit bien d'un carré magique, il a une particularité car, la sommation des chiffres ne part pas de 1 à n². Ces chiffres se situent dans [4 8]. De ce fait, on ne peut pas utiliser la formule développée précédemment.   En approximant par le retranchement de n², on a la formule ci-après qui détermine la constante :

$$nM = \frac{n^3(n-1)}{2} \rightarrow M = \frac{4^2(4-1)}{2} = 24$$

De façon générale, la constante magique d'un carré magique normal dépend uniquement de n et vaut : n (n² + 1) /2. En fonction de l'ordre n = 3, 4, 5, 6, 7, 8… elle vaut ainsi : 15, 34, 65, 111, 175, 260….

On voit que dans cet ordre, le carré magique de la géomancie, n'est pas un carré magique normal. De fait, on ne peut pas appliquer la formule d'une suite. C'est pour cette raison que j'ai proposé la formule ci-dessus.

La référence au corps humain pour constituer les symboles, l'analogie avec l'Ecu (forme de bouclier), la construction du taskin ou carré magique et enfin la pratique qui laisse entrevoir des expériences aléatoires nous conduisant à la théorie statistique et plus précisément à la théorie des probabilités me situent sur les prémisses d'une démarche logique que je ne peux qualifier pour le moment de scientifique. Jusque-là, je n'ai pas encore l'explication scientifique de la Géomancie.

Pour être plus démonstratif, il me faut dégager les principes mathématiques et les lois qui en découlent.

Chapitre III- Les principes mathématiques de la Géomancie

Dans les chapitres précédents, il a été donné d'entrevoir une certaine construction scientifique en dépit des essais mythiques que l'on rattache à la géomancie. Dans le présent chapitre je vais en chercher les principes mathématiques.

3.1. Les fondements de la géomancie

On traitera principalement de l'objet de cette science et de sa construction logique. En d'autres termes, on s'intéresse ici au fondement épistémologique de cette science que d'aucun considère comme une science occulte ou de la sorcellerie.

3.1.1. Objet

La géomancie est une science appliquée qui porte principalement sur l'homme. Elle vise à résoudre les problèmes quotidiens de l'être humain dans leurs dimensions les plus complexes. Elle tente de chercher les causes du problème et les raisons de le résoudre. Pour moi, il s'agit de retourner cette démarche inductive, pour la reconstruire dans un cadre déductif. Pour ce faire, j'ai besoin de connaître la Méthode de la Géomancie. Il me faut casser le noyau qui sous-tend cette méthode.

3.1.2. Méthode de la géomancie

L'étude porte sur un phénomène qui peut se produire (ex ante) ou qui s'est produit (ex post). Elle se fonde sur la loi du hasard pour construire des symboles qui feront l'objet de combinaisons pour être analysées et interprétées afin de comprendre le problème qui est étudié, pourquoi il se pose ? Comment il se pose ? Et comment le résoudre ? L'opinion générale considère la géomancie comme une science occulte ou de la sorcellerie de façon très simpliste.

Aussi, en examinant la construction logique de cette science on peut mieux la comprendre et l'approfondir.

3.2.   Construction logique

3.2.1. Le cadre logique

Au départ, il consiste à tracer des tirets suivant les lois du hasard et chaque fois en quatre rangées comme suit :

<u>**Étape 1**</u> : construction des symboles par l'expérience (E) aléatoire

Les usagers de cette méthode de divination procèdent habituellement à un « tirage » de quatre figures, selon différentes techniques (jet de dés, de pièces, séparation de tas de cailloux, etc.).

Une méthode de tirage consiste par exemple à aligner, sur le sable, quatre lignes superposées de points tracés au hasard, puis à en faire le décompte de chaque ligne de points. D'une ligne impaire résulte un point unique, et d'une ligne paire un point double.

Ensuite, on compte les tirets deux à deux en marquant des virgules. Puis, le nombre de tirets restant ne peut être **qu'un (I) ou deux (II)**. On procède de la même manière sur la seconde ligne, puis sur les deux autres lignes restantes. Après quoi, on forme le symbole avec les tirets restants en partant du haut vers le bas.

<u>**Etape 2**</u> : construction des quatre symboles

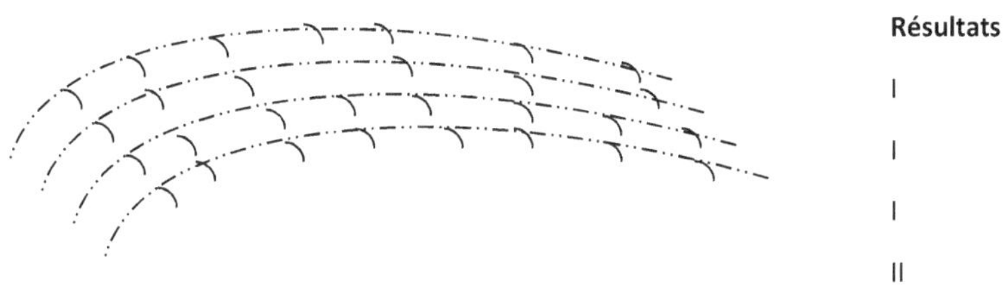

On répète l'opération d'en haut 4 fois de suite, et suivant toujours les lois du hasard. Ainsi, on peut obtenir les symboles suivants à titre d'exemple :

$$
A \quad = \quad
\begin{matrix}
\text{I} & \text{I} & \text{II} & \text{I} \\
\text{I} & \text{II} & \text{I} & \text{I} \\
\text{I} & \text{I} & \text{I} & \text{I} \\
\text{II} & \text{I} & \text{II} & \text{II}
\end{matrix}
\qquad (1)
$$

Ces quatre premières figures sont en général appelées les « Quatre Mères », et d'elles découlent, par un système complexe de report de points, les onze autres figures de l'oracle. Ces quinze figures sont réparties en douze « maisons », deux « témoins » (droit et gauche) et un « Juge ».

Certains adeptes de cette technique divinatoire y ajoutent une seizième « maison », le « Subjudex » ou « la Sentence », obtenue à partir de la combinaison du « Juge » et de la « maison I ». Historiquement, cette « maison » surnuméraire n'est habituellement pas dessinée sur le graphique des quinze « maisons » classiques. Toutefois, chez les Gulmanceba, elle apparaît dans l'Ecu et joue un rôle fondamental.

Dans la pratique, c'est une répétition mécanique dont il est difficile de comprendre la logique. C'est justement cette construction de l'Ecu que je voudrais comprendre afin d'en dégager la substance scientifique, si toutefois il y en a une.

<u>Étape 3</u> : **Le cadre mathématique**

Considérons que les quatre vecteurs issus de l'expérience aléatoire forme une matrice appelée A et posons que:

$$
A \quad = \quad
\begin{array}{cccc}
V_4 & V_3 & V_2 & V_1 \\
\left[\begin{matrix}
\text{I} & \text{I} & \text{II} & \text{I} \\
\text{I} & \text{II} & \text{I} & \text{I} \\
\text{I} & \text{I} & \text{I} & \text{I} \\
\text{II} & \text{I} & \text{II} & \text{II}
\end{matrix}\right]
\end{array}
\qquad (2)
$$

Cette matrice est composée de 4 vecteurs colonnes issus de l'expérience aléatoire. Elle a comme principale caractéristique d'être une matrice de format 4x4, donc carrée. Les vecteurs V ont comme caractéristiques de contenir I ou II traits chacun. La matrice ainsi formée que j'appelle A est écrite à droite du géomancien. Dans cette matrice formée par 4 vecteurs, il est à remarquer qu'ils sont par hasard tous discernables et ont la même probabilité (p) d'apparition qui sera déterminée plus tard. Il faut noter qu'ici il s'agit d'un cas particulier car en fait le tirage des symboles étant avec remise, une matrice formée au cours de l'expérience peut avoir des vecteurs répétés. Donc, il s'agit d'un tirage/expérience aléatoire avec répétition (remise) éventuelle de certains symboles/éléments.

Suite à cette expérience aléatoire ayant engendrée A, le géomancien procède à la construction de la seconde matrice à droite. Cette matrice par l'opération qui est effectuée n'est rien d'autre que la transposition de la matrice A, donnant ainsi, la matrice t_A qui est placée à gauche. Généralement, cette transposition est faite automatiquement par le géomancien sans aucune explication. Dans les ouvrages consacrés à la Géomancie, il n'y a pas non plus d'explication. D'où le caractère secret et opaque de la géomancie.

Étape 4: construction de la matrice $t_A = B$

Reprenons la matrice A

$$A = \begin{bmatrix} I & 1 & II & I \\ I & 1l & I & I \\ I & 1 & I & I \\ 1l & I & II & II \end{bmatrix} \qquad (3)$$

Considérons la nouvelle matrice B construite parle géomancien et placée à sa gauche.

$$B = \begin{bmatrix} II & 1 & I & I \\ \mathbf{II} & \mathbf{I} & I & II \\ I & 1 & II & I \\ 1\,I & I & I & I \end{bmatrix} \qquad (4)$$

Je constate que l'opération que vient d'effectuer le géomancien est tout simplement la transposition de la matrice A en matrice B. donc B = t_A

Afin de mieux présenter le cheminement, je vais numéroter les vecteurs formant chaque matrice de la droite vers la gauche. Je vais respecter les dispositions consistant à écrire chaque fois de la droite vers la gauche et aussi les appellations historiques. Soit Mi les quatre premiers vecteurs appelés Mères et issus de l'expérience aléatoire.

F (8) F (7) F (6) F (5)   M (4) M (3) M (2) M (1)

$$
{}^t\!A = \begin{bmatrix} \| & | & | & | \\ \| & | & | & \| \\ | & | & \| & | \\ \| & | & | & | \end{bmatrix} \;(5) \qquad A = \begin{bmatrix} | & | & \| & | \\ | & \| & | & | \\ | & | & | & | \\ \| & | & \| & \| \end{bmatrix} \;(6) \quad \text{Matrice de base}
$$

Les vecteurs ainsi formés sont appelés les premières filles (Fi) qui sont nées des 4 mères. De la sorte, que l'interprétation se fait comme suit :

— les parties constitutives de la première « Fille » (**5**) sont le report de la première ligne de points des quatre « Mères » ;

— les parties constitutives de la deuxième « Fille » (**6**) sont le report de la deuxième ligne de points des quatre « Mères » ;

— les parties constitutives de la troisième « Fille » (**7**) sont le report de la troisième ligne de points des quatre « Mères » ;

— les parties constitutives de la quatrième « Fille » (**8**) sont le report de la quatrième ligne de points des quatre « Mères »

Étape 5: naissance des nièces

Construction des « Nièces » : à la différence de la construction des « Filles », les points ne sont pas reportés. Chaque ligne de chacune des « Nièces » est obtenue en additionnant les points de la ligne correspondante des deux « Mères » ou des deux « Filles » de l'étage supérieur, puis en réduisant au plus petit entier pair ou impair : 2 + 2 = 4 réduit à 2, 2 + 1 ou 1 + 2 = 3 réduit à 1, 1 + 1 = 2.

Étape 6 : constitution des témoins

La constitution des « Témoins » suit le même schéma, chaque ligne de chacun des « Témoins » étant obtenue en additionnant les points de la ligne correspondante des deux « Nièces » de l'étage supérieur, puis en réduisant au plus petit entier pair ou impair. Une remarque très importante qui permettra par la suite de comprendre l'état pris par le juge (V_{15}) est que *les deux Témoins » doivent obligatoirement avoir la même parité (soit pairs, soit impairs). Une parité divergente est la preuve d'une erreur dans la construction de l'Ecu.*

Étape 7: désignation du juge

La construction du « Juge » suit le même schéma, chaque ligne du « Juge » étant obtenue en additionnant les points de la ligne correspondante des deux « Témoins », puis en réduisant au plus petit entier pair ou impair. Le « Juge » compte obligatoirement un nombre de points pair, ce qui limite à huit le nombre de figures possibles dans cette case. Je donnerai plus tard les explications et les démonstrations nécessaires pour situer la démarche scientifique de la géomancie.

Étape 8: la construction du surnuméraire

Dans le cas d'une interrogation de l'oracle faisant appel à la seizième « Maison » surnuméraire, celle-ci est obtenue en additionnant les points respectifs de la première « Mère » (I) et du « Juge ». C'est ce que les géomanciens gulmanceba appellent *o nu* ou la « retenue ». Contrairement aux origines de la géomancie qui rendent cette seizième maison facultative et ne faisant pas partie de l'Ecu, elle est très importante dans la géomancie gulmanceba.

Telle est la construction logique de la géomancie. En définitive, on obtient 16 symboles ou signes avec répétition éventuelle de certains de ces symboles qui se présentent comme suit. Il s'agit de matrices et de vecteurs colonnes.

3.2.2. La formation de l'Ecu

Au regard des explications précédentes, l'Ecu est formée par les Étapes 3 à 6

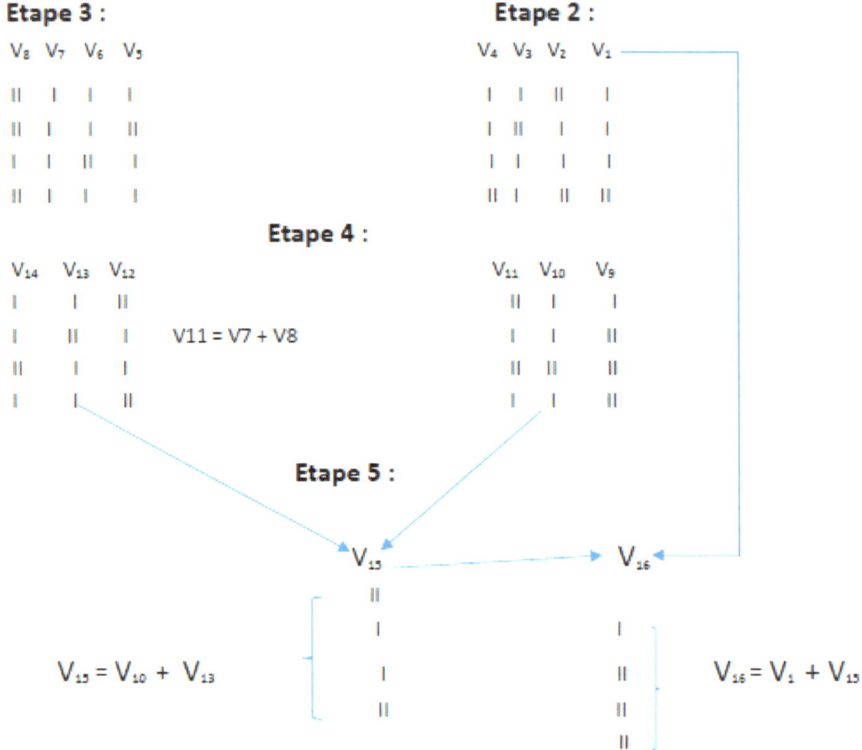

Historiquement, V_{16} n'en fait pas partie. Ainsi que je l'ai souligné plus haut, chez les Gulmanceba, cette retenue ou au *nuni* joue un rôle très important dans l'interprétation des résultats.

Suivant la logique géomancienne, le V_{15} est toujours un Vecteur pair. Pourquoi cette conditionnalité ? Est-ce une logique mathématique ou tout simplement une imposition ? Ce qui est sûr, c'est que je n'ai jamais obtenu de réponse claire. Les géomanciens gulmanceba m'ont toujours dit qu'il en est ainsi. Face au manque d'explication, j'avais pensé que tous les symboles pairs étant classifiés comme « nobles » et les impairs comme « valets », la position de Juge ne pouvait revenir automatiquement qu'à la classe - *nobles*. Mais, l'explication ne tenait pas, elle n'était pas scientifique. Il me faut chercher la logique mathématique de ce classement.

3.3.   La logique mathématique

3.3.1. La construction des symboles

Cette construction suit une loi probabiliste dans la mesure où les tirets sont faits suivant les lois du hasard. La base fondamentale au plan mathématique repose sur un système binaire avec une base 2 de calcul. La suite des outils mathématiques sur lesquels se fonde la géomancie est le calcul matriciel et vectoriel. Dans la construction du carré magique, il est fait référence aux suites pour déterminer le nombre total de points.

3.3.2. Les lois de la distribution

Les lois qui se dégagent de la construction de l'Ecu à travers les 7 étapes montrent qu'il s'agit de lois mathématique et probabiliste. En effet, au regard de la démarche précédente, on remarque :

1°) Qu'à chaque expérience n'apparaît pas nécessairement les mêmes symboles. D'où le côté probabiliste de l'expérience ;

2°) que chaque symbole est formé au plus de deux signes qui sont I et/ou II et que je peux noter 1 et 2 ;

3°) que les additions obéissent à une base bien particulière puisque 2+2 = 2 ou que 1+2 = 1, etc. Il s'agit de déterminer les principes mathématiques de la construction de l'Ecu ;

4°) ces signes peuvent faire l'objet de permutation et de répétition dans chaque symbole. D'où au plan mathématique :

- ➢ il s'agit d'une analyse combinatoire ;
- ➢ Chaque symbole étant différent de l'autre, nous conduit à un Arrangement avec répétition des deux signes avec une disposition ordonnée ;

5°) L'opération est répétée 4 fois. D'où, arrangement de 2 éléments dans 4 cases avec répétition éventuelle de chaque élément dans la case, ce qui entraine la formule générale suivante :

$$A_n^k = n^k \quad (7)$$

Avec n = 2 et k = 4

3.3.3. La loi binaire

C'est exactement l'addition modulaire et plus exactement l'addition modulo 2, où les nombres pairs sont remplacés par 0 et les nombres impairs par 1, comme le contrôle de bit de parité dans l'ordinateur. Ensuite, on prend ce symbole et on le remet en jeu, c'est donc une diversité autogénératrice de symboles. Les paysans africains utilisent vraiment une sorte de chaos déterministe pour le faire. C'est un code binaire, comme dans les circuits électroniques.

3.3.3.1. Construction

On constate dans la formation des symboles (vecteurs) qu'on a recours à l'addition avec les résultats suivants :

$$I + I = II \implies 1 + 1 = 2$$
$$I + II = I \implies 1 + 2 = 1$$
$$II + II = II \implies 2 + 2 = 2$$

C'est une construction dont les résultats sortent du cadre logique des mathématiques classiques et notamment de l'opération d'addition. C'est un système décimal base 2.

3.3.3.2. Convention

Pour qu'on puisse avoir un tel résultat dans l'Addition, l'hypothèse que je formule est la suivante :

$$
\begin{aligned}
\mathrm{I} \quad &= \quad 1 \\
\mathrm{II} \quad &= \quad 0
\end{aligned}
$$

D'où

$$
\begin{aligned}
1 + 1 = 2 \ &= \qquad 0 \\
1 + 2 = \ &\quad 1 + 0 = 1 \\
2 + 2 = \ &\quad 2 = 0 + 0 = 0
\end{aligned}
$$

Chaque expérience élémentaire aboutit à la loi de Bernoulli et la convention d'un symbole conduit à une loi binomiale. Ce qui fait que l'expérience est composite.

3.3..3.3 .Généralisation

L'ensemble **n** est composé de 2 éléments qu'on range dans k cases (k = 4) avec répétition de ces éléments dans les cases.

Soit E, l'ensemble composé des éléments suivants E = [0, 1] et soit k le nombre de cases de rangement qui représente l'expérience répétée 4 fois. Le résultat tiré est

Card E = n = 2 et k = 4. Il s'agit d'un arrangement avec répétition donnant

$$
A_n^k = n^k \quad = \ 2^4 = 16 \qquad (8)
$$

Au total, il y a 16 vecteurs ou symboles discernables. Chaque vecteur est composé

d'éléments discernables ou non.

3.4. La logique géomancienne explique la logique mathématique

La base de la logique géomancienne est expliquée par les chiffres 0 et 1. Si on examine la formation des 10 premiers chiffres arabes allant de 0 à 9, on peut faire les décompositions comme suit :

$$2 = 1 + 1 = 0$$
$$3 = 2 + 1 = 1$$
$$4 = 2 + 2 = 0$$
$$5 = 2 + 2 + 1 = 1$$
$$6 = 2 + 2 + 2 = 0$$
$$7 = 2 + 2 + 2 + 1 = 1$$
$$8 = 2 + 2 + 2 + 2 = 0$$
$$9 = 2 + 2 + 2 + 2 + 1 = 1$$

Le constat est que l'application de 0 à 9 dans E = [0, 1] prend valeur 0 ou 1. Ceci montre que l'on est dans un système décimal de base 2 qui lui donne une distribution de Bernoulli ou binomiale.

En conclusion, les 10 premiers chiffres allant de 0 à 9 sont formés de 2 et de 1, dans un système basic 2. De plus, tous les chiffres pairs sont égaux à 2 ou 0, tandis que les chiffres impairs sont égaux à 1. Ce qui nous donne une distribution binomiale.

Un tel résultat nous explique une des bases de la construction mathématique suivant la logique géomancienne. Cette logique rejoint celle de la construction de la logique informatique et aussi du courant (lumière) dont les fondements reposent sur l'entrée et sortie (positif ou négatif).

3.5. Généralisation à partir du principe mathématique : la base matricielle de la géomancie

A la lumière des explications et démonstrations précédentes, il se dégage que la seconde construction logique de la géomancie repose sur le calcul matriciel avec des vecteurs colonnes comme base initiale et leur constitution en matrice permettant par la suite d'avoir une matrice transposée.

Soit A la matrice Mère construite à partir de l'expérience aléatoire précédente. Elle peut s'écrire à partir des hypothèses formulées, s'énoncer sous la forme ci-après :

$$
\begin{bmatrix} I & 1 & II & I \\ I & 1I & I & I \\ I & 1 & I & I \\ 1I & I & II & II \end{bmatrix} = \begin{bmatrix} 1 & 1 & 0 & 1 \\ 1 & 0 & 1 & 1 \\ 1 & 1 & 1 & 1 \\ 0 & 1 & 0 & 0 \end{bmatrix} \qquad (9)
$$

En conclusion, on sait que la matrice initiale a comme caractéristiques :

> ➤ Carrée, de format 4 x 4. Ce qui donne 16 éléments ou coefficients ;
> ➤ constituées de 1 et de 0. Ce qui forme un ensemble E = [0, 1] ;
>
> Ce qui fait que cette matrice à coefficients est constituée de 4 vecteurs colonnes dont chaque vecteur est le résultat d'une expérience aléatoire, consistant dans la théorie des dénombrements à ranger Card (E) = n = 2 dans k cases, soit :

$$
\text{E} = A_n^k = n^k = (0\ 1)^4 = 16 \qquad (10)
$$

Ces 16 symboles sont tous discernables.

3.6.   L'énigme du Vecteur 15

Quelle que soit la source de la géomancie, il y a unanimité quant au résultat du vecteur 15. Il ressort que ce vecteur qui joue le rôle de juge est toujours un vecteur pair. La question que je me suis posé, était : dans la mesure où c'est une combinaison qui résulte d'une distribution aléatoire, il n'y a aucune raison que tous les 16 symboles ne puissent pas apparaître à cet endroit puisque les évènements sont aléatoires avec une équiprobabilité, p = 1/16. En réduisant désormais l'apparition à cet endroit uniquement les symboles pairs, nous sommes dans le cas de probabilités conditionnelles ? Quoiqu'il en soit, si la pratique montre qu'il en est ainsi, la probabilité d'apparition d'un symbole pair (A) est de P(AUB) = P(A) + P(B) = P(A) = 1 et l'évènement impair = B est P(B) = 0. En effet, les deux évènements sont disjoints. Précédemment on aurait eu P(A) = P(B) = ½. Mais, cette démonstration ne répond pas aux préoccupations de la science.

Existe-t-il des explications mathématiques ? Si oui, lesquelles ? La réponse à ces questions pourrait lever certaines équivoques sur la géomancie.

3.6.1. Conditions du vecteur pair

L'examen de la formation de l'Ecu fait ressortir au niveau de l'Etape 5 que $V_{15} = V_{10} + V_{13}$. Il s'agit des deux témoins dans l'Ecu. Or, plus haut, parlant de la constitution des témoins, Je fais le constat que les deux témoins doivent avoir obligatoirement la même parité (pair ou impair). Si tel est le cas, cette condition est suffisante pour que V_{15} soit obligatoirement de parité paire.

Il est donc facile de voir que *la somme de deux vecteurs pairs ou impairs ou ayant la même parité donne toujours un vecteur pair.*

Dans l'exemple sur la formation de l'Ecu, on sait que

$$V_{10} = \begin{pmatrix} I \\ I \\ II \\ I \end{pmatrix} \qquad \text{et} \qquad V_{13} = \begin{pmatrix} I \\ II \\ I \\ I \end{pmatrix}$$

Ils ont effectivement comme caractéristiques d'être impairs (i) et aussi que leur nombre de points est égal à 5 respectivement.

Remarque : L'égalité de points des deux vecteurs n'est pas une condition nécessaire. L'essentiel de condition suffisante est que les deux vecteurs aient la même parité. Dans le cas présent, soit les vecteurs impairs suivants

$$V_{10} = \begin{pmatrix} I \\ I \\ II \\ I \end{pmatrix} \qquad \text{et} \qquad V_{13} \begin{pmatrix} I \\ II \\ II \\ II \end{pmatrix}$$

La somme des points de V10 est égale à 5, tandis que celle de V13 est égale à 7. L'addition des deux vecteurs ligne par ligne donne

$$V_{15} = \begin{pmatrix} II \\ I \\ II \\ I \end{pmatrix}$$

Dans l'exemple ci-dessus, on obtient toujours un vecteur pair, puisque la somme des points de V_{15} est égale à 6.

C'est cette logique mathématique caractérisée par la condition précédente qui fait que dans la géomancie, le juge qui représente le Vecteur 15 (V_{15}) est toujours un vecteur pair. Dans le cas de la classification des Gulmancéba, il est dans la catégorie des 8 signes nobles (Cf Tableau 3). Est-ce la raison pour laquelle ils classent les signes pairs en « nobles » et les impairs en « valets » ?

Quoiqu'il en soit, la précédente démonstration n'est pas suffisante pour moi.

3.6.2. La détermination de l'équation de V_{15}

$$V_1 + V_2 = V_9 \quad (1)$$
$$V_3 + V_4 = V_{11} \quad (2)$$
$$\longrightarrow \quad V_9 + V_{11} = V_{10} \quad (3)$$

$$V_5 + V_6 = V_{12} \quad (4)$$
$$V_7 + V_8 = V_{14} \quad (5)$$
$$\longrightarrow \quad V_{12} + V_{14} = V_{13} \quad (6)$$

Or, dans l'Ecu, $V_{15} = V_{10} + V_{13}$ (7)

En procédant par substitution, on obtient :

$V_{15} = V_9 + V_{11} + V_{12} + V_{14}$ (8)

En remplaçant les V_i de (8) par leurs valeurs respectives, on obtient l'équation du V_{15}.

(9) $V_{15} = V_1 + V_2 + V_3 + V_4 + V_5 + V_6 + V_7 + V_8 = \sum_{i=1}^{8} V_i$

Cette démonstration est plus conséquente que l'explication précédente.

3.6.3. Le passage par l'analyse factorielle

Dans la mesure où $\Omega =$ (0 1) et que chaque maison est composée de quatre symboles (éléments), je pose $n_1 = 2 = 0$ et $n_2 = 1$. Par ailleurs, $n = 4$, c'est-à-dire le nombre d'éléments qui composent le vecteur.

L'exercice se ramène à des permutations (P_k), d'où la formule générale :

$$P_k = \boxed{\dfrac{n\,!}{n_1\,!\ \ n_2\,!}} \qquad (10)$$

Propriétés des n_i. Les ***n_i*** sont constitués en ce qui concerne chacun d'eux, d'éléments indiscernables, tandis que les éléments entre $n_1!$ et $n_2!$ sont discernables.

Dans le cas présent $n_1 + n_2 = 4$, puisque chaque vecteur est composé de quatre éléments.

Le Tableau suivant peut-être construit avec $n_1 = 0$ et $n_2 = 1$

Tableau 7 : Détermination de la nature des vecteurs au regard des permutations.

Nombre d'éléments de $n_1 = 0$	Nombre d'éléments de $n_2 = 1$	Nombre de permutations P_k	Nature du Vecteur
1	3	4	Impair (I)
2	2	6	Pair (P)
3	1	4	Impair (I)
4	0	1	Pair (P)
0	4	1	Pair (P)
Total (Σ)		**16**	**Pair (P)**

Source : auteur

Le nombre total de permutations est de 16 et confirme qu'il y a 16 symboles tous discernables. Le facteur le plus important que je montre ici en relation avec le premier cas examiné plus haut est qu'en faisant ces permutations, on détermine la nature du vecteur. Ainsi, il ressort du Tableau 5, qu'au total il y a cinq situations possibles composées (cf dernière colonne du Tableau) de deux vecteurs impairs et de trois vecteurs pairs. La sommation donne :

I + P + I + P + P   (11)

Je peux aussi en considérant que $\dfrac{4\,!}{0\,!\ 4\,!} = 1$, regrouper les éléments indiscernables.

Cela veut dire que la permutation ne se fait qu'une fois. Ce sont les vecteurs suivants :

$$\begin{pmatrix} 0 \\ 0 \\ 0 \\ 0 \end{pmatrix} \qquad \begin{pmatrix} 1 \\ 1 \\ 1 \\ 1 \end{pmatrix}$$

Il y a dans le tableau deux vecteurs qui présentent une telle situation. On peut les supprimer et il restera le Tableau ci-après :

Tableau 8: Détermination de la nature des vecteurs au regard des permutations.

$n_1 = 0$	$n_1 = 1$	P_k	Nature du Vecteur
1	3	4	Impair (I)
2	2	6	Pair (P)
3	1	4	Impair (I)
Total (Σ)			**Pair (P)**

Source : auteur

La sommation donne :

I + P + I = P qui est aussi paire

Cette démonstration confirme l'équation (9) de V_{15} déterminée plus haut.

Remarque : :

**La somme des 8 premiers vecteurs obtenus à partir d'*expériences aléatoires,
donnent toujours un vecteur pair, qui est résultat de V_{15}.***

3.6.4. Par l'analyse matricielle

Soit la matrice A et sa transposée t_A. Je colle les deux matrices ou je les juxtapose,
et je fais la sommation suivant les colonnes $\sum_{j=1}^{8} nij$.

<u>Exemple :</u> Soit la matrice A, résultat de l'expérience aléatoire de l'Étape 3 et sa
transposée t_A

$$
\begin{bmatrix}
\text{II} & \text{I} & \text{I} & \text{I} \\
\text{II} & \text{I} & \text{I} & \text{II} \\
\text{I} & \text{I} & \text{II} & \text{I} \\
\text{II} & \text{I} & \text{I} & \text{I}
\end{bmatrix} = \; t_A
\qquad\qquad
\begin{bmatrix}
\text{I} & \text{I} & \text{II} & \text{I} \\
\text{I} & \text{II} & \text{I} & \text{I} \\
\text{I} & \text{I} & \text{I} & \text{I} \\
\text{II} & \text{I} & \text{II} & \text{II}
\end{bmatrix} = \; A
$$

Je colle les deux matrices A et t_A et j'additionne suivant les colonnes pour obtenir
un vecteur colonne afin de comparer avec V_{15}.

$$
\sum_{j=1}^{8} nij \; = \;
\begin{bmatrix}
\text{II} & \text{I} & \text{I} & \text{I} & \text{I} & \text{I} & \text{II} & \text{I} \\
\text{II} & \text{I} & \text{I} & \text{II} & \text{I} & \text{II} & \text{I} & \text{I} \\
\text{I} & \text{I} & \text{II} & \text{I} & \text{I} & \text{I} & \text{I} & \text{I} \\
\text{II} & \text{I} & \text{I} & \text{I} & \text{II} & \text{I} & \text{II} & \text{II}
\end{bmatrix}
\; = \;
\begin{bmatrix}
\text{II} \\ \text{I} \\ \text{I} \\ \text{II}
\end{bmatrix}
\; = \; V_{15}
$$

Je retrouve V15, Étape 5 du 3.2.2. en considérant que ce sont des matrices à
coefficients dans (0 1). J'obtiens :

$$
\sum_{j=1}^{8} nij \; = \;
\begin{bmatrix}
0 & 1 & 1 & 1 & 1 & 1 & 0 & 1 \\
0 & 1 & 1 & 0 & 1 & 0 & 1 & 1 \\
1 & 1 & 0 & 1 & 1 & 1 & 1 & 1 \\
0 & 1 & 1 & 1 & 0 & 1 & 0 & 0
\end{bmatrix}
\; = \;
\begin{bmatrix}
0 \\ 1 \\ 1 \\ 0
\end{bmatrix}
\; = \; V_{15}
$$

On voit comment on passe aisément de la géomancie traditionnelle aux mathématiques modernes avec une certaine subtilité du calcul matriciel grâce au système binaire.

3.7.   Interprétation des résultats (Étape 4)

C'est la partie la plus complexe des sciences géomanciennes. C'est pourquoi on parle de sciences occultes dans la mesure où la position des symboles peut donner lieu à plusieurs interprétations possibles. Toutefois, à la lumière des démonstrations précédentes, on voit qu'elle n'est pas si occulte que ça.

En effet, l'ensemble E, composé des 16 symboles que l'on obtient de l'expérience aléatoire suit une distribution aléatoire, cela signifie qu'elle suit une loi probabiliste. La même expérience dans les mêmes conditions ne donnera pas nécessairement le même E entrainant que E_1 peut être différent de E_2 ($E_1 \neq E_2$). C'est comme un tirage aléatoire 4 fois de 2 boules différentes avec remise de la boule chaque fois ou d'un jet d'une pièce de monnaie 4 fois.

La seconde difficulté qui s'ajoute dans le cas de la géomancie, est que la position de tel ou tel symbole peut facilement entrainer plusieurs interprétations. La bonne maîtrise de l'analyse des résultats dépend des capacités intellectuelles du géomancien (chercheur). Pour mieux interpréter les résultats, le joueur doit procéder à plusieurs permutations afin de voir les contradictions qui sont susceptibles d'apparaître. De plus, pour parer aux erreurs d'interprétation, les géomanciens jouent souvent en équipe de 2 ou 3 personnes.

Enfin, comme tout travail scientifique, le chercheur doit éviter d'être superficiel. En d'autres termes, il doit chercher l'essence cachée des choses. Ce qui signifie qu'il doit procéder à plusieurs permutations avant de tirer une conclusion. Étant entendu que tout résultat scientifique n'est qu'une conjecture, n'est que provisoire.

Si comme je viens de le voir, la géomancie se fonde sur une base scientifique dans sa démarche et non dans son interprétation, alors je m'interroge sur les prolongements possibles de cette géomancie ?

Chapitre IV. Les prolongements de la géomancie

4.1. Au plan mathématique

L'épistémologie des sciences géomantiques, a montré toute la base et la richesse mathématiques de ce que l'on appelle de façon impropre « Sciences occultes ». Plus j'avance, plus je me convaincs que cette science géomantique est le berceau des mathématiques et notamment des mathématiques modernes. Je peux relever deux points essentiels :

> ➤ la construction logique des mathématiques à travers les chiffres 0 et 1 et qui permet d'établir la corrélation avec les ordinateurs modernes. Chaque ligne ne peut avoir qu'un état et cet état ne peut être que 0 ou 1. Et la suite de l'étude nous démontrera cette perpétuelle analogie au travers de la construction géomantique ;
> ➤ le corpus des mathématiques modernes dont les bases ici reposent sur la théorie des Probabilités (dont la variable de Bernoulli), la théorie des ensembles (Analyse combinatoire), le calcul vectoriel et matriciel, l'analyse factorielle etc.

En rappel, au XIIe siècle, Hugo Santalia a introduit l'addition modulaire en Espagne après avoir vu des mystiques musulmans africains la pratiquer. Et elle a fait son entrée chez les alchimistes européens sous le nom de géomancie ou divination par la terre. C'est ainsi que Leibniz, le mathématicien allemand, parle de la géomancie dans sa dissertation appelée « De Combinatoria. » Et il dit : « Au lieu d'utiliser une marque et deux marques, utilisons plutôt un 1 et un 0, et nous pouvons compter par puissances de deux. » Des uns et des zéros, c'est le code binaire. George Boole a pris le code binaire de Leibniz et a créé l'algèbre booléen, et John von Neumann a pris l'algèbre booléen et a créé l'ordinateur numérique. Ainsi, chaque circuit électronique (et donc tous les PDA et ordinateurs) a ses racines en Afrique.

Les fractales s'expriment dans le quotidien des cultures africaines : architecture, coiffures, textile, sculpture, peinture, religion

Il faut savoir que « le développement économique et technologique de l'Afrique à l'époque moderne dépend des diverses applications des sciences mathématiques. S'intéresser à ce qui a été produit par nos ancêtres, est potentiellement important pour les générations des nouveaux savoirs, en particulier à l'aire des économies basées sur la connaissance.

De nombreux ouvrages occidentaux sont consacrés à l'histoire des mathématiques et pourtant très peu font preuve d'ouverture et d'objectivité, lorsqu'il s'agit d'apprécier le véritable parcours historique des sciences mathématiques. Dans le temps, quand vous êtes africains au sud du Sahara et que vous voulez vous inscrire en Mathématiques dans une faculté de Sciences, dont l'enseignement était dominé par les « blancs » appelons les ainsi puisqu'ils nous désignent aussi par notre couleur, on vous faisait comprendre que les mathématiques ne sont pas faites pour les noirs, car ces noirs ne sont pas doués pour l'abstraction. Et voilà que mes parents Gulmanceba, de surcroit, paysans manipulent avec la plus grande aisance et rapidité, ces mathématiques dites à l'époque modernes.

En voulant faire de cette discipline une exclusivité européenne durant l'antiquité, certains chercheurs contribuent malheureusement à déformer l'originalité des mathématiques. Ce sentiment est partagé par l'historien japonais Kiyosi Yabuuti (traduit en 2000 par Cathérine YAMI), qui dans son ouvrage *Une histoire des mathématiques chinoises*, écrit que :

"*Les ouvrages publiés en Europe donnent trop souvent à voir les sciences en général et les mathématiques en particulier comme le produit de la seule civilisation européenne*". Cette vision n'est pas juste et tend à dévaloriser les compétences scientifiques des autres peuples.

Effectivement en lisant cet écrit, on découvre au fil des pages que les savants chinois avaient déterminé les six premières décimales du nombre "pi" plus de mille ans avant les Occidentaux ; que l'«art de l'inconnue céleste», une des premières formes d'algèbre (XIIIe siècle), permettait de résoudre des systèmes d'équations algébriques, ou encore que les notions d'infini et de limite étaient déjà employées au IIIe siècle de notre ère.

En effet, de nombreux peuples à travers le monde ont exprimé leur génie dans le domaine des mathématiques, mais aujourd'hui, **la chronologie historique retient que c'est en Afrique noire que tout a commencé. À ce propos, écoutons Jacques Attali** « Les africains ont inventé une façon de prévoir l'avenir qui est exactement ce qu'on appelle le code binaire ou le code booléen en mathématiques modernes, qui a donné l'ordinateur numérique d'aujourd'hui. Et on sait comment cela s'est transmis : c'est passé de l'Afrique de l'Ouest au 10ᵉ siècle par les marchands arabes jusqu'à Cordoue puis de Cordoue jusqu'en Hollande et c'est là que Leibnitz puis d'autres ont inventé le calcul numérique ».

Les récentes découvertes montrent que l'Afrique est bien rentrée dans l'Histoire avant les « Historiens d'occasion ». Je retiens ici deux découvertes majeures qui vont nous montrer où se situait le berceau de la Science, c'est-à-dire les mathématiques que l'on considère à tort ou à raison comme la science des sciences.

4.1.1. L'os de Lebombo ou la naissance des mathématiques :

Dans les montagnes du Lebombo situées entre l'Afrique du sud et le Swaziland, on a découvert durant les années 70 un péroné de babouin très particulier. Les datations faites révèlent que **cet objet remonte à 35 000 - 37 000 ans avant J.C**. C'est le fameux "**Os de Lebombo**". Cet os a comme caractéristique de posséder 29 encoches faites volontairement par l'homme et qui présentent d'étroites similitudes avec les bâtonnets servant de calendrier encore utilisés par les Bushmen de Namibie.

Cet os dans la région de Lebombo, témoigne de l'existence d'un système de comptage très sophistiqué qui permettait à l'homme de maîtriser le temps *(phases de la lune...)*. C'est la première trace visible de l'émergence de calculs dans l'histoire de l'humanité, comme en témoigne le chercheur anglo-saxon Richard Mankiewicz [**1**] :

"*Le plus ancien témoignage de calcul numérique a été exhumé au Swaziland en Afrique Australe. Il date d'environ 35 000 ans av. J. C. et consiste en un péroné de babouin portant 29 encoches nettement visibles*".

4.1.2. L'os d'Ishango ou la confirmation des racines africaines des sciences mathématiques

Un autre objet renforce cette primauté africaine : c'est l'*Os d'Ishango*. Découvert par un géologue belge du nom de Jean de Heinzelin de Braucourt. Cet *Os* est aujourd'hui entreposé à **l'Institut Royal des Sciences Naturelles de Belgique** dans la ville de Bruxelles. Cette découverte majeure a fait la renommée du chercheur belge qui auparavant, avait effectué des recherches en Europe, au Moyen-Orient et en Amérique sans grand succès. Finalement, c'est en Afrique, en plein Congo Belge, qu'il a fait dans les années 50, la plus grande découverte de sa vie.

La photographie ci-dessus que le Directeur de l'IFREAT a prise lors de son séjour à Bruxelles en décembre 2017, montre l'Os d'Ishango à l'Institut Royal des Sciences Naturelles de Belgique. On voit au fond, l'os en question, vitrée et soigneusement protégé.

L'image qui suit, représente le monument de l'Os d'Ishanbo érigé à la devanture de l'Institut Royal que nous avons pris le même jour ce 1er décembre 2017.

Les Belges ont érigé un moment devant cet institut, parce que cet Os est devenu l'emblème de la recherche scientifique en Belgique.

Sur le site d'Ishango, à 15 km de l'Equateur sur l'une des rives du lac Edward, le chercheur belge a découvert un os particulier d'une longueur de 10 cm, datant de 25 000 ans av. J. C., qui révèle que l'homme se livrait déjà en Afrique à des activités scientifiques de haut niveau.

Photo 3 : Historique de la fouille d'ouvriers ayant permis la découverte de l'Os dans le village d'Ishango (RDC).

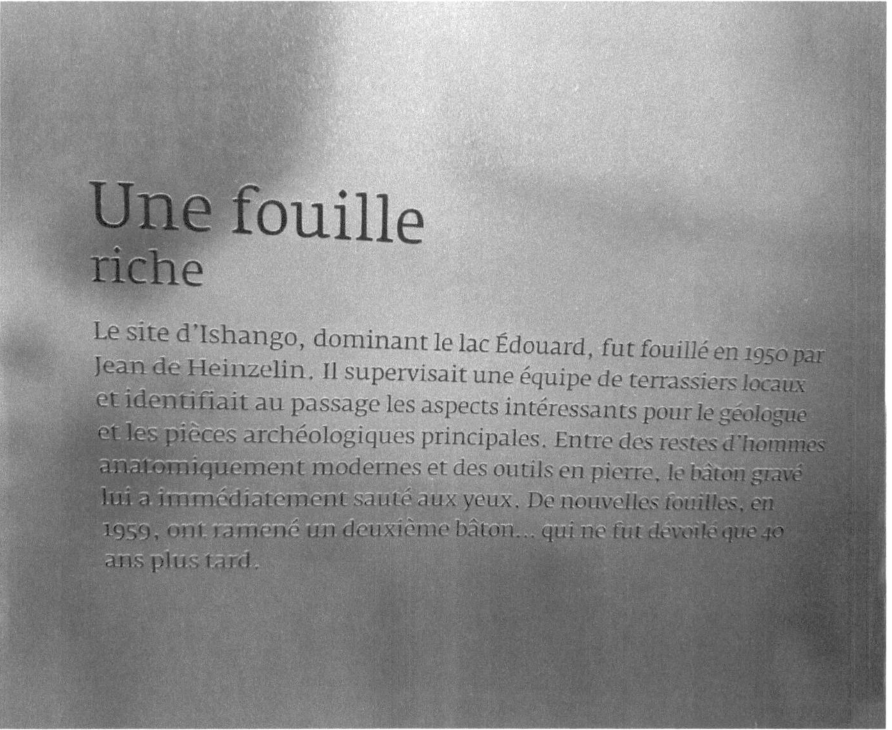

Source : photo IFREAT (01/12/2017), Musée Royal de Bruxelles

Cet objet, appelé désormais os d'Ishango figure officieusement dans le "**hall of fame**" des découvertes archéologiques mondiales. Il met en relief la précocité du génie africain qui a guidé les premiers Homo Sapiens Sapiens Africanus, génie qui aboutira à la création de la civilisation Egypto-Nubienne en Afrique.

Selon Le Monde du 28 février 2007, « les os incisés d'Ishango font naître la numération en Afrique. Il s'agit du plus ancien témoignage des capacités mathématiques de l'humanité ».

4.1.3. Que révèle cet os ?

L'analyse de cet os, montre que l'homme maîtrisait déjà à cette époque, les suites arithmétiques. Les encoches sur les côtés de l'os se révèlent être en fait une table de nombres premiers (CF. Schéma ci-contre). C'est la première de l'histoire de l'humanité. Au début, les chercheurs pensaient que ces encoches servaient à une quelconque comptabilité comme un peu partout dans le monde, mais l'examen poussé des encoches a permis de lever le mystère. Voyons cela de près :

De récentes études au microscope ont encore révélé que l'os servait aussi à compter les phases lunaires. Serait-ce alors une technique utilisée par les femmes pour contrôler leur cycle lunaire, s'interrogent les chercheurs ? Cela voudrait dire que les femmes, dès cette époque, s'adonnaient déjà aux mathématiques. Une étude plus approfondie et même le déchiffrage complet de l'os a été réalisé par un astrophysicien africain, J. Paul Mbelek. Dans la photo 4 on voit à droite le décodage de l'Os qui représente des nombres premiers. Certains chercheurs considèrent aussi qu'il s'agit des premières calculatrices de l'humanité.

Cet os qui est devenu l'emblème de la recherche scientifique à Bruxelles, a littéralement dynamisé les ambitions scientifiques des Belges. Ainsi, il existe aujourd'hui une opération Ishango pour démocratiser l'apprentissage des sciences, un prix scientifique Ishango destiné aux jeunes étudiants en science et aux jeunes chercheurs.

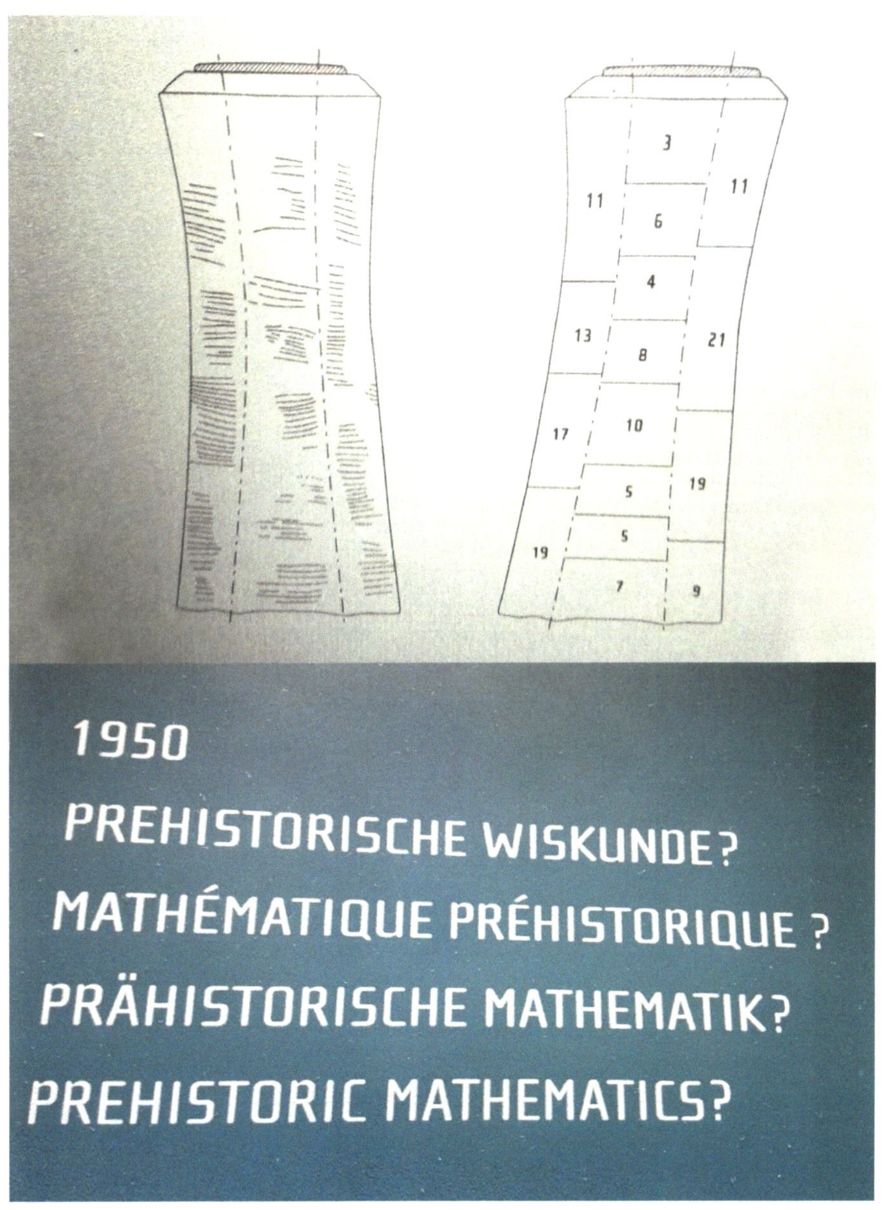

Source : Os d'Ishango, photo IFREAT (01/12/2017), Musée Royal de Bruxelles

Selon la Centrale Panafricaine de Recherches Scientifiques et Culturelles (C.P.R.S.)[12] dans le cadre d'une Conférence qu'elle a tenue le 19 février 2014, sous le thème « Afrique, berceau de l'humanité et des mathématiques », le Docteur Jean Paul MBELEK a émis un certain nombre d'idées qui corroborent celles de Cheikh Anta DIOP, sur les origines africaines de l'Humanité. Il ressort de nombreux travaux d'historiens, d'archéologues et d'astrophysiciens dont le Sénégalais Check Anta DIOP et le Camerounais J.P. Mbeleck, que « Les crânes les plus anciens en dehors de l'Afrique ont été trouvés dans les caves d'Israël. » Par ailleurs, il ressort que l'Homme a vécu en Afrique pendant plus de cent mille (100 000) ans sans en sortir, car il était dans de bonnes conditions vitales.

Au plan mathématiques, « Les premiers tracés de Géométrie faits par l'homme datent de soixante-quinze mille (75 000) ans. C'était des lignes parallèles, qu'on a découvert en Afrique du Sud », souligne l'astrophysicien Mbelek au cours de cette conférence. Il fait remarquer qu'il a été trouvé à la frontière Afrique du Sud/Swaziland, un os (péroné) de babouin comportant des marques régulières, qui est la preuve de la maitrise du comptage en Mathématiques.

Chaque peuple tente de s'attribuer, l'invention de la Science. Du fait de la non généralisation de l'écriture en Afrique, de nombreuses preuves ont disparu quant aux découvertes scientifiques sur le continent. Néanmoins, plusieurs travaux de chercheurs ont montré que << La Science en générale est née en Afrique. Trouver des vestiges qui datent de soixante-quinze mille (75 000) ans, de trente-sept mille (37 000) ans, puis de vingt-cinq mille (25 000) ans (pour les deux os), cela attestent progressivement de la maitrise des Mathématiques à cette époque ».

<< Les rapports et proportions, les notions d'extrêmes et de moyennes, en Mathématiques, se dégagent de l'os d'ISHANGO. L'Homme d'ISHANGO connaît bien le zéro qui n'était pas le vide. Donc, apparemment le zéro n'a pas été inventé par les Indiens. Dans l'os d'ISHANGO il y a aussi les Nombres Premiers, il y a une logique numérique qui est respectée. Des triangles isocèles et des symétries de nombres y apparaissent également. >> dit Mbelek. Pour lui, ce sont les pêcheurs qui ont inventé les mathématiques et non les agriculteurs. Il appuie sa thèse sur les faits suivants : « Les pointes de harpon, simple barbelure et double barbelure, ont existé. Les artéfacts d'ISHANGO ont été découverts dans une décharge, atelier où les pêcheurs fabriquaient des harpons pour exporter ».

------

[12] CPRS (2014) : Afrique, berceau de l'humanité et des mathématiques – Conférence organisée à l'occasion des soixante ans du Lycée Joss de Douala

De mon point de vue, mon hypothèse aujourd'hui est que les bases des mathématiques découlent de la géomancie. Je constate que toute l'histoire des mathématiques modernes, allant de Lebniz pour l'analyse combinatoire à l'algèbre de Boole jusqu'aux applications de John von Neumann pour l'informatique, tout dérive de la géomancie basée sur le système binaire reposant sur la géomancie. Cette géomancie est utilisée par les peuples africains depuis des millénaires.

Quoi qu'il en soit, il est possible que, passant de l'Afrique Centrale à l'Egypte Antique puis à la Grèce, le système numérique de l'os d'Ishango soit une de ses plus grandes dettes que le monde moderne doit à l'Afrique Noire. Que ce soit le cas ou non, il reste remarquable que l'indication la plus ancienne de l'utilisation d'un système numérique par l'homme date du paléolithique en Afrique Centrale. Aucune fouille en Europe n'a révélé un tel indice.

Les fractales s'expriment dans le quotidien des cultures africaines : architecture, coiffures, textile, sculpture, peinture, religion. Les fractales qui reproduisent selon des algorithmes très élaborées, la géométrie de la nature dans l'architecture, l'art, le textile, la coiffure, … ; la géomancie, binaire utilisée dans les calculs et l'art de la divination avec du sable avaient recours au code binaire en Afrique.

Photos 5 : Fractales et Tresses Africaines – Noter le système des fractales dans les motifs, avec le phénomène d'auto-similarité.

Source : ANYJART (2015)

Indépendamment de la beauté de ces tresses, on peut admirer les formes géométriques qu'elles représentent. Toutes ces tresses ont été faites à la main, souvent par des africaines qui n'ont pas été à l'école du blanc.

Photo 6 : Fractales et tissus africains

Source : ANYJART (2015)

De nombreuses pièces à conviction permettent aujourd'hui de situer et dater l'origine des mathématiques : les figures géométriques de Bomblos (Afrique du Sud), remontant à 77 000 ans ; l'os d'Ishango (Congo), datant de plus de 25 000 ans et considéré comme la première calculatrice de l'humanité ; les fractales qui reproduisent, selon des algorithmes très élaborées, la géométrie de la nature dans l'architecture, l'art, le textile, la coiffure, etc. ; la géomancie, précurseur des mathématiques modernes. Ces concepts et outils mathématiques pourraient ensuite avoir migré plus au nord où ils auraient rendu possible la construction des pyramides et édifices égyptiens. Comme le souligne Jacques Attali, tous ces faits scientifiques montreraient également que les algorithmes utilisés dans les ordinateurs modernes s'inspireraient des savants africains. L'oeuvre des scientifiques travaillant sur ces sujets est une porte ouverte sur un lien à établir entre les traditions ancestrales africaines et la modernité scientifique. Ils devraient confirmer que l'Afrique noire a été une étape essentielle dans le long processus de la création de la pensée mathématique, avec pour aboutissement, les civilisations soudanaise et égyptienne.

Mais, on peut se poser la question, pourquoi les africains aiment revenir sur le passé ? Il y a plusieurs raisons à cela :

1°) *Si on ne sait pas d'où on vient on ne saura pas où on part ;*

2°) *Les noirs ont besoin de refaire leur histoire pour restituer la vérité que les blancs leur ont déniée ;*

3°) *Les noirs ont besoin de leur passé pour se rassurer et s'assumer ;*

4°) *Ce passé qu'on leur a caché doit être un levain pour amorcer le développement ;*

5°) *Ce passé dont on a besoin n'est pas pour faire des jérémiades sur l'esclavagisme et le colonialisme, mais pour reprendre la place qui a été la leur dans le patrimoine mondial. Une Afrique berceau de l'Humanité ;*

6°) *Tout comme on ne désigne plus les asiatiques par le terme les « jaunes », ou les indiens les « peaux rouges », on a besoin d'être identifié par le continent (un africain), par le pays (un burkinabè) et non pas par la couleur de la peau (les noirs) ou les gens de couleur comme si le blanc n'était pas une couleur ;*

7°) *Tout comme les démonstrations mathématiques précédentes relevant de la géomancie ont montré les grandes capacités scientifiques de nos ancêtres, on a besoin de retravailler la médecine, les mathématiques, la physique, l'agronomie, l'économie, les arts, etc. pour faire un développement soucieux de l'environnement et plus inclusif ;*

8°) *Les migrations ont favorisé la suprématie de l'espèce humaine sur le reste de la nature. Elles ont été la source principale du développement et des échanges. Mais aujourd'hui les nations qui se sont développées grâce aux pillages des richesses des autres nations, se replient sur elles-mêmes en érigeant des murs de toutes sortes pour la sauvegarde de la race « pure » ;*

9°) *Mais ces nations, qui ont théorisé sur la libre entreprise, sur l'ouverture commerciale, qui ont créé des organisations internationales du commerce (le GATT, la CNUCED, et plus près de nous l'OMC), sont les premières à ériger des barricades soit disant pour éviter la misère des « nations prolétaires », « en guenilles », des « nations de merdes » pour défendre leurs intérêts nationaux ;*

10°) *Ces nations qui se réclament de leurs valeurs chrétiennes n'ont pas hésité à développer des théories de toutes sortes pour endormir nos consciences et notre vigilance pour piller nos richesses. Le cuivre de Zambie n'est pas noir, l'or du Burkina Faso n'est pas noir, le pétrole du Gabon est incolore et inodore, le bois du Congo n'a pas de nationalité, le cacao de Côte d'Ivoire n'est pas entaché d'Ebola ni de paludisme. C'est au nom de la libre circulation des biens et des marchandises ;*

11°) Les marchandises peuvent rentrer mais pas les producteurs de ces marchandises car leur quotient intellectuel (QI) n'est pas différent de celui de leurs singes. Ils sont les vecteurs de toutes les maladies du monde.

4.2.   Naissance de l'écriture

Historiquement, il ressort que cette géomancie viendrait d'Égypte où les Pharaons l'utilisaient à des fins de prévisions ou de détection d'éventuels complots. Tout comme le chiffre 0, chacun s'en réclame d'être l'inventeur, il en va de même de la géomancie.

Traditionnellement, les géomanciens gulmancéba communiquaient entre eux à travers l'écriture géomancienne. Ainsi, les symboles trouvés par un géomancien lors d'une consultation, étaient écrits sur un morceau de calebasse « i yédjanga » en Gulmancéma et remis au patient afin qu'il puisse remettre les résultats à un autre géomancien à des fins de vérifications (confirmer ou infirmer les résultats trouvés par l'autre).

C'était une forme d'écriture, dont malheureusement les chercheurs africains dans l'ancien temps n'ont pas poussé la curiosité intellectuelle jusqu'à constituer un alphabet et une base d'écriture. Et si les traits tracés sur un morceau de calebasse par les géomanciens gulmancéba rappelaient l'os d'Ishanbo, l'os de Lebombo, les hiéroglyphes égyptiens ?

4.3.   Construction d'une base intellectuelle, scientifique et de développement économique en Afrique

➢ Construction d'une base intellectuelle

Il est évident que la naissance d'un alphabet et d'une écriture aurait jeté les bases d'un foisonnement intellectuel, ouvrant de ce fait au plan mathématique à de nombreuses recherches, créant avant la lettre les fondements des mathématiques modernes bien longtemps avant l'occident. Cette construction mathématique traçait la voie à des recherches dans les domaines de l'astrophysique, de l'agronomie, de la physique, de l'économie, de la météorologie, etc.

> ➢ Développement d'une base scientifique

La pensée africaine et singulièrement philosophique est très riche. Je sais que chez les peuples gulmanceba de l'Est du Burkina Faso, cette pensée est tellement forte que quelquefois les anciens peuvent entretenir une conversation pendant longtemps sans que les jeunes puissent comprendre l'objet de la discussion. Il ne s'agit pas de langage de sociétés secrètes mais de conversations purement philosophiques. Souvent ce qu'on appelle proverbe, n'est rien d'autre qu'une pensée philosophique, qui malheureusement n'a pas fait l'objet d'écriture.

> ➢ Développement économique

On sait que ce sont les découvertes scientifiques qui sont à la base des progrès de l'humanité. En ce sens, la philosophie et les mathématiques ont joué un rôle déterminant dans ces progrès. La géomancie aurait pu servir de levain à ce progrès scientifique et économique.

4.4.   La géomancie est une science de prévision

La géomancie a pour but de contribuer à la résolution des problèmes humains du présent et du futur. Elle peut aussi expliquer l'antériorité d'une situation. De ce fait, elle est une science dynamique qui se fonde sur le temps et l'espace. C'est une science de prévision et d'anticipation.

C'est ce qui a poussé Jacques Attali à dire : « Les africains ont inventé une façon de prévoir l'avenir qui est exactement ce qu'on appelle le code binaire ou le code booléen en mathématiques modernes, qui a donné l'ordinateur numérique d'aujourd'hui. Et on sait comment cela s'est transmis : c'est passé de l'Afrique de l'Ouest au 10è siècle par les marchands arabes jusqu'à Cordoue puis de Cordoue jusqu'en Hollande et c'est là que Leibnitz puis d'autres ont inventé le calcul numérique » cité par le Symposium (2015), organisé par l'association ANYJART tenue à la médiathèque de Baie Mahault, sur les mathématiques africaines et animé par Jean-Philippe OMOTUNDE. L'objectif de la rencontre était de mieux faire connaître les mathématiques africaines, leur histoire et leurs traits spécifiques

Revenant à l'espace, on peut dire qu'il porte sur la capacité de la géomancie à analyser ou dis-je, à visionner les faits où ils se trouvent pour en extraire la compréhension.

Tel un médecin, le géomancien ne se contente pas de diagnostiquer un problème (ou une maladie), il pousse l'analyse pour déterminer la cause avant de prescrire le remède ou donner une ordonnance. Selon la nature de la consultation, le diagnostic peut s'accompagner d'une prévision ou pas.

La prévision géomancienne peut porter sur le court, moyen et/ou le long terme (s). Elle peut concerner toute une multitude de sujets telle que je les ai récapitulés au Tableau 1. Ici, lorsque la recherche n'est pas approfondie, il peut en résulter des confusions, voire des fausses espérances conduisant à des frustrations du consultant.

Ainsi, admettons que dans un diagnostic portant sur la réalisation d'un évènement « A ». Si le géomancien ne précise pas le délai de réalisation de « A », il appartient au consultant de poser des questions à ce dernier pour connaître les délais probables. Si ces éclaircissements ne sont pas faits avec des réponses claires, le consultant peut dès sa sortie de la salle de consultation penser que l'évènement se produira dans un bref délai alors qu'il n'en est rien. En effet, la réalisation de l'évènement peut se produire à moyen terme sinon à long terme. Le long terme peut porter sur une ou plusieurs années.

Le processus de prévision de la géomancie me ramène au caractère constitutif de la science géomantique en sa partie probabiliste, aléatoire. En effet, née d'une expérience aléatoire, il est incontestable que la réalisation de l'évènement ou des évènements A, B, C, ………dépendra en partie de la variable aléatoire Ω constituée. Toutefois, on sait d''avance que Ω est une variable binaire. Mais, on ignore la nature de la matrice Adont on sait seulement qu'elle est carrée en ce sens qu'elle est constituée de 4 vecteurs colonnes ; résultat de l'expérience aléatoire E. La nature de la matrice est connue, car elle est de format 4x4. Enfin, on sait aussi que pour poursuivre l'expérience il faut qu'au moins un des vecteurs soit différent des 3 autres.

Indépendamment de ces certitudes et incertitudes, l'autre facteur non moins aléatoire est l'aptitude du géomancien à ne pas se tromper dans deux domaines :

- dans les combinaisons des vecteurs ;
- dans l'interprétation des résultats.

4.4.1. Dans les combinaisons

En principe, la logique mathématique du système est faite de telle façon que s'il y a une erreur algébrique, le géomancien doit automatiquement s'en apercevoir. À titre d'exemple, l'introduction d'une erreur au niveau de la transposition de t_A peut conduire à obtenir, V_{15} impair. De plus, suivant la logique mathématique développée précédemment, la combinaison de P+I = I ou P + P = P. Il ne peut en être autrement.

Dans le cas mathématique, il existe suffisamment de garanties pour limiter les erreurs.

4.4.2. Dans les interprétations

Le mystère de la géomancie réside à ce niveau. Je ne ferai aucune démonstration au regard de la complexité de la pratique. D'ailleurs, tel n'est pas l'objet de ce livre. Je précise seulement que les résultats de l'expérience aléatoire dépendent de la nature des vecteurs et de leur position dans les différentes maisons. Dès lors, on peut comprendre la différence de résultats qui pourrait en résulter, selon qu'on accorde une importance ou pas à la « retenue », c'est-à-dire à V_{16}. Quoiqu'il en soit, la géomancie s'est établie comme partie intégrante de la culture des peuples qui la pratiquent. Chacun d'eux a développé une démarche qui lui est propre. Ainsi, chez les **G**ulmanceba de la Boucle du Niger, le V_{16} est un symbole très fort. Il est repris dans les différentes permutations permettant au géomancien d'approfondir l'analyse d'un problème afin de faire des recommandations efficaces.

Conclusion

En cherchant à comprendre la construction scientifique de la géomancie, ses fondements, j'ai compris que ce qui était une sorte de rituelle, de mythe savamment entretenu, retrace ici le haut niveau mathématique manipulé par nos ancêtres dont les origines remontent à l'Egypte des pharaons ou peut-être d'Ethiopie ou d'Afrique du Sud ? Elle pose toute une série de questionnements : pourquoi maintenant une telle curiosité intellectuelle ? Quels sont les apports que l'on aurait pu tirer pour l'avancement scientifique de l'Afrique au sud du Sahara ? La négligence de l'importance des questions épistémologiques a-t-elle eu un impact négatif sur le positionnement scientifique de l'Afrique au sud du Sahara dans le monde ?

Plusieurs pièces à conviction permettent aujourd'hui de situer et dater l'origine des mathématiques : *Les 27 et 28 février 2015, à la médiathèque de Baie Mahault, un symposium sur les mathématiques africaines a été organisé par l'association ANYJART, créée et animée par Jean-Philippe Omotundé. L'objectif de la rencontre était de mieux faire connaître les mathématiques africaines, leur histoire et leurs traits spécifiques ;* les figures géométriques de Bomblos (Afrique du Sud), datant de 77 000 ans ; l'os d'Ishango (Congo), datant de plus de 25 000 ans et considéré comme la première calculatrice de l'humanité ; les fractales qui reproduisent, selon des algorithmes très élaborées, la géométrie de la nature dans l'architecture, l'art, le textile, la coiffure, … ; le code binaire, utilisé dans les calculs et l'art de la divination avec du sable. Ces concepts et outils mathématiques pourraient ensuite avoir migré plus au nord où ils auraient rendu possible la construction des pyramides et édifices égyptiens. Ils pourraient également être à l'origine des algorithmes utilisés dans les ordinateurs modernes. L'oeuvre des scientifiques travaillant sur ces sujets est une porte ouverte sur un lien à établir entre les traditions ancestrales africaines et la modernité scientifique. Ils devraient confirmer que l'Afrique noire a été une étape essentielle dans le long processus de la création de la pensée mathématique, avec pour aboutissement, les civilisations nubienne, puis égyptienne. Je peux d'autant plus formuler cette hypothèse si je pars des résultats des différentes découvertes montrant que l'origine de l'homme se trouve en Afrique selon le Sénégalais Cheick Anat Diop et appronfondi par son disciple, le Congolais Théophile OBINGA.

En conclusion, la géomancie est une science, et peut être considérée comme une des sources de la construction des mathématiques, et particulièrement des mathématiques modernes. De ce point de vue, les Gulmanceba, peuple partagé entre le Burkina Faso, le Niger, le Benin et le Togo, ne sont pas des sorciers, mais des grands mathématiciens dont la force repose sur la théorie des probabilités, l'analyse combinatoire, le calcul matriciel, le calcul prévisionnel de court, moyen et long termes. En somme, ils ont manipulé les mathématiques modernes avant George Boole, Leibniz, John von Newmann, etc. Mais une question me reste sans réponse, pourquoi les Gulmanceba ont construit leur célébrité autour de cette science au Burkina Faso et dans une grande partie de l'Afrique de l'Ouest ? D'où viennent-t-ils ? Les historiens ne donnent pas de réponse satisfaisante. De nouvelles recherches restent à faire dans ce domaine au plan historique.

BIBLIOGRAPHIE

1- **Ahmad al-Buni** vers 1250

2- Albrecht Dürer (1514) : carré magique

3- **ANYJAR**T (2015) : Symposium sur les mathématiques, Conférence organisée à l'occasion du soixantenaire du Lycée Joss de Douala 1954 – 2014 sous le thème
« Afrique berceau de l'humanité et des mathématiques »

4- **BOWAO Charales Z. (1995) :** De l'argumentation : une quête de fondement – Paru dans l'ouvrage collectif « Autour de la Méthode » aux Presses Universitaires de Dakar dans la Collection **EPISTEME,** 1995

5- CARTY Michel (1963) : Notes sur les signes graphiques du géomancien gourmantché », in *journal de la Société des Africanistes, XXXIII (2)*

6- Centrale Panafricaine de Recherches Scientifiques et Culturelles (C.P.R.S.)

7- COMBARY Sibo Fernand (2008) : Géomancie : Science ou occultisme ? Editions Découvertes du Burkina

8- **COURNOT A. Augustin** (1974) : recherches sur les principes mathématiques de la théorie des richesses. Editions Calmann-Levy, Paris

9- Cornelius Agrippa (1510) : Occulta Philosophia

10- De la LOUBERE Simon (1691). Du Royaume de Siam. Editeur A. Wolfgan

11- DUBOIS PHILIPPE (1987) : Géomancie : Pratiques et interprétations, Editions Albin Michel

12- Encyclopédie Wikipedia

13- GUIRE Hassane (2013), La Géomancie et la Tradi-thérapie pour une renaissance africaine : Contribution des frères GUIRE – Editions Harmattan Burkina

14- Hugo Santalia (12 ème siècle) : Ars Geomancie. (Premier traité de Géomancie en latin)

15- JAULIN Robert (1968) : La Géomancie, Analyse formelle in Annales, Economies, Sociétés, Civilisations N° 3, 1968

16- LANKOANDE Salif Titamba (2008) : Les Gourmantché. Aux Editions Les Presses Africaines du Burkina

17- LEIBNIZ Gottfried (1666) : Dissertatio de arte de Combinatoria

18- Luo Shu sur le carré magique (voir WIKIPEDIA Carré magique)

19- Maths Vedic France – http/sciences et maths.e-monsiste.com/pages/le-carre-magique.htm≠Bct1XoqT06LudBML. p.18 1/ ordinateur de mon document

20- MBELECK J.P. (2015) : Intervention lors de la Conférence organisée à l'occasion du soixantenaire du Lycée Joss de Douala 1954 – 2014 sous le thème
« Afrique berceau de l'humanité et des mathématiques »

21- OMOTUNDE Jean Philippe (2015) : Intervention lors de la Conférence organisée à l'occasion du soixantenaire du Lycée Joss de Douala 1954 – 2014 sous le thème
« Afrique berceau de l'humanité et des mathématiques »

22- PERROT Etienne (1973) : Préface du *Yi King* de Richard Whilhelm ; éd. Librairie de Médecis

23- **POPPER Karl** (1985) : Conjectures et Réfutations. Editions Payot, Paris

24- SOLER Léna (2000) : Introduction à l'épistémologie. Editions Ellipses. Collecion Philo ; Paris

25- **TERESTCHENKO**, extrait de son article, proposé dans les Cahiers Astrologiques

26- **YABUUTI Kiyosi** (année) : Une histoire des mathématiques chinoises – Traduit par Cathérine YAMI (2000) – Editions Belin pour la Science